U0794740

新编21世纪高等职业教育精品教材·通识课系列

人工智能通识基础

主　编　李振科

中国人民大学出版社

·北京·

《人工智能通识基础》

编委会

主　审　莫嘉凌

主　编　李振科

副主编　江咏海　蓝珊珊　罗媛丽

参　编　李梅华　陈泳江　林森路　刘洛源　林瀚宇　廖万波
周恒光　梁新娥　黄　和　张文楚　冼嘉敏　刘莉莉
周　妮　江　健　陈小君　任　偲　陈慧贤　廖培培
许晟迪　谢　东　赵一帆

前 言

党的二十大报告指出，要推动战略性新兴产业融合集群发展，构建人工智能等一批新的增长引擎，加快发展数字经济，促进数字经济和实体经济深度融合，打造具有国际竞争力的数字产业集群。人工智能是国家战略的重要组成部分，是未来国际竞争的焦点和经济发展的新引擎。以机器学习、自然语言处理和深度学习为三大核心技术的人工智能正以前所未有的速度影响和渗透到各行各业，不断推动制造业、交通运输业、医疗健康业、金融业、教育业等领域的重大变革。

人工智能从20世纪中期被正式提出，经过数十年来长足的发展，人工智能理论成果在机器人、经济政治决策、控制系统、仿真系统中得到广泛应用。目前各类院校相继开设人工智能课程，旨在培养学生的创新思维和实践能力。课程内容不仅涵盖人工智能的基础理论，还包括人工智能在现实世界中的应用案例分析，以及对未来技术趋势的预测和探讨。

为了适应课程的发展，我们编写了《人工智能通识基础》一书，旨在为学生提供最基础的人工智能知识体系。本书不仅包括人工智能的基本概念、核心技术、应用案例，还深入探讨了人工智能在社会、伦理、安全等方面的影响和挑战。本书适合作为人工智能教育课程的通识教材，也可作为对人工智能感兴趣的读者的自学材料。

本书在编写过程中具有以下特色：

1. 深入浅出，易于理解：对于复杂的理论知识，本书采用深入浅出的讲解方式，结合生动的例子和图表，使读者能够轻松理解并掌握人工智能的核心概念和技术。

2. 内容全面，紧跟前沿：本书内容涵盖了人工智能的多个领域，包括机器学习、深度学习、自然语言处理等，同时紧跟技术前沿，介绍了最新的研究成果和应用趋势，使读者能够全面了解人工智能的发展现状和未来方向。

3. 跨学科融合，拓宽视野：本书在介绍人工智能知识的同时，还融合了计算机科学、数学等多个学科的内容，帮助读者从多角度理解和思考人工智能问题，拓宽学术视野。

本书由广西农业工程职业技术学院组织编写，李振科担任主编，莫嘉凌担任主审，江咏海、蓝珊珊、罗媛丽担任副主编，李梅华、陈泳江、林森路、刘洛源、林瀚宇、廖万波、周恒光、梁新娥、黄和、张文楚、冼嘉敏、刘莉莉、周妮、江健、陈小君、任偲、陈慧贤、廖培培、许晟迪、谢东、赵一帆参与编写。

在本书的编写过程中，我们参阅了大量国内外公开出版发行的人工智能相关文献，在此一并致谢。此外，由于编者水平有限，本书可能存在缺漏或不当之处，敬请各位专家、学者批评指正！

编　者

目录

项目一 人工智能概述

项目导读

本项目主要介绍人工智能的概述，包括其基本定义、发展历程、特征及典型应用。通过对人工智能的深入探讨，帮助学生理解这一前沿技术在现代社会中的重要性和广泛应用。

学习目标

知识目标

1. 掌握人工智能的定义，了解其发展历程和当前的应用场景。

2. 认识人工智能的特征和典型应用。

3. 掌握人工智能的前沿技术和趋势。

技能目标

1. 通过对人工智能的深入了解，培养批判性思维，评估人工智能技术的利弊和对社会的影响。

2. 掌握人工智能技术的基本应用，如动物识别系统、人脸识别系统、商品推荐系统等。

3. 能够将人工智能技术与数学、神经科学、心理学等其他学科知识相结合，进行跨学科的学习和应用。

素质目标

1. 鼓励学生对人工智能技术进行创新思考，探索新的应用领域和解决方案。

2. 增强对新兴技术的持续学习兴趣，适应快速变化的技术环境。

3. 培养学生的社会责任感，识别在技术应用中的伦理风险。

课程目标

1. 通过了解我国在人工智能领域的发展和政策，培养学生的国家意识和民族自豪感。

2. 通过对人工智能技术的深入了解，增强学生对我国科技发展的自信。

3. 引导学生思考人工智能技术在促进社会可持续发展中的作用，培养学生的可持续发展的观念。

思维导图

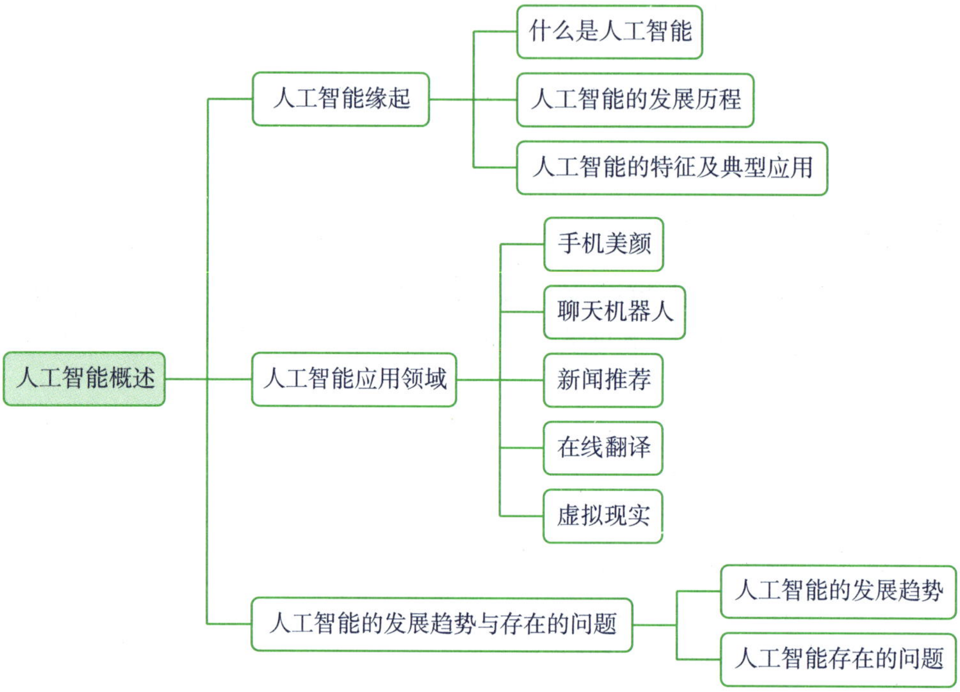

任务一　人工智能缘起

任务描述

小陈对“人工智能”充满好奇。他在网上看到许多关于智能助手、自动驾驶汽车和机器学习的文章，但他心中有几个疑问：“人工智能到底是什么？它是怎么来的？”于是，他决定去图书馆查找资料。

任务分析

小陈想要了解人工智能，需要从它的定义和发展历程入手。

任务实施

一、什么是人工智能

当你遇到一只充满活力且可爱的动物，却不知道它的种类时，可以参考图 1–1（a）中的方法，拍摄一张照片并借助动物识别技术来解决疑惑。在浏览购物网站时，图 1–1（b）

展示的商品推荐功能能够迅速推荐你可能感兴趣的商品信息。又如，扫地机器人、自动驾驶汽车能减轻人们的工作压力。然而，以上这些新技术的应用，仅仅是一个开始。在新一代信息技术飞速发展的今天，很难预测十年、二十年后人们的生活到底会发生哪些惊天动地的变化。

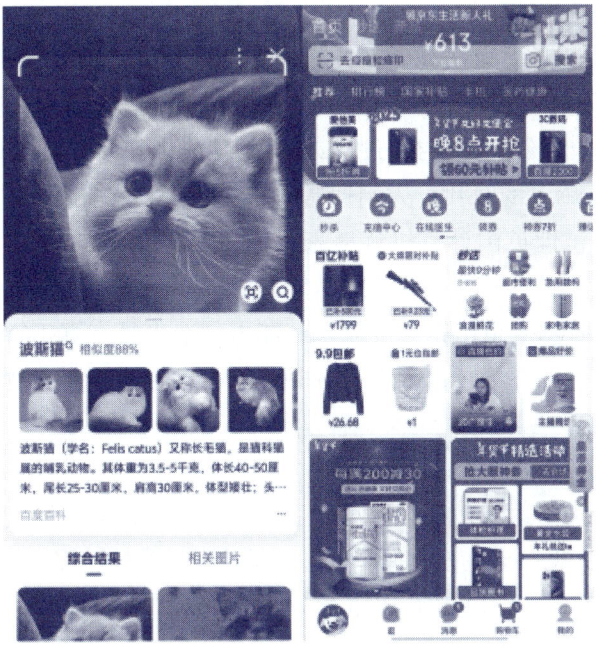

（a）动物识别　　　　（b）商品推荐

图 1-1　人工智能的一些应用场景

以上场景可能会促使人们思考一个问题，是什么技术让今天的世界发生如此大的变化？这显然离不开人工智能。

如果不进行跨度极大的历史追溯，现代人工智能的起点被公认为是 1956 年的达特茅斯会议。在这次会议上，约翰 · 麦卡锡（John McCarthy）、马文 · 明斯基（Marvin Minsky）等人发起成立了一个独立的人工智能研究学科，为后续人工智能的发展奠定了学科基础。那么人工智能究竟是什么呢？我们可以从有关它的定义中略窥一斑。

有关人工智能的常见定义有两个：一个定义是由图灵奖获得者、“人工智能先驱”美国教授马文 · 明斯基提出的，即“人工智能是一门科学，是使机器做那些人需要通过智能来做的事情”；另一个定义是由美国斯坦福大学尼尔斯 · 尼尔森（Nils Nilsson）教授提出的，即“人工智能是一门关于研究知识的表示、知识的获取和知识的运用的学科”。从这两个定义来看，人工智能显然具备一定的“智能要素”，能够完成一些需要人类思考才能完成的任务。此外，人工智能以知识应用为核心，通过它能够“探索”其他领域的知识，因此具有广泛适用性、可迁移性和渗透力，这也是人们将其作为一门通识学科来学习的原因。因此，掌握人工智能的基础知识不仅是对人工智能研究者的要求，也是时代发展的需求和对个人发展的重要要求。

二、人工智能的发展历程

人工智能目前的发展历程分为萌芽期、启动期、消沉期、突破期和高速发展期 5 个阶段。

1. 人工智能的萌芽期

1943 年，数理逻辑学家沃尔特·皮茨（Walter Pitts）和沃伦·麦卡洛克（Warren McCulloch）建立了 MP 模型。MP 模型概括了单个神经元的形式化数学描述和网络结构方法，证明了单个神经元具有执行逻辑运算的功能，开创了人工神经网络（Artificial Neural Networks，ANN）的时代。人们通常将 1950 年图灵测试的诞生作为人工智能启蒙的开始，图灵测试即英国计算机科学家艾伦·图灵（Alan Turing）的著名论断：如果一台机器与人开展对话而被人错误地认为是人而不是机器，那么称该机器就具有一定成分的智能。同时图灵指出，人类完全有能力创造出具有真正智能的机器。在此影响下，1954 年，美国的乔治·德沃尔（George Devol）设计出了世界上第一个可编程机器人。

2. 人工智能的启动期

1956 年夏天，美国达特茅斯学院举行了历史上第一次人工智能研讨会，这被认为是人工智能诞生的标志。会上，时任麻省理工学院教授约翰·麦卡锡首次提出了“人工智能”这个概念，艾伦·纽厄尔（Allen Newell）和赫伯特·西蒙（Herbert Simon）则展示了其编写的逻辑理论机器。

1966—1972 年，美国斯坦福国际研究所研制出机器人 Shakey，这是首个应用人工智能技术的移动机器人。

1966 年，美国麻省理工学院（Massachusetts Institute of Technology，MIT）魏泽鲍姆（Weizenbaum）发布了世界上第一个聊天机器人 ELIZA，它的智能之处在于能通过脚本理解简单的自然语言，并能与人进行类似人类之间的互动。

1968 年，美国加州斯坦福研究所道格拉斯·恩格尔巴特博士（Dr. Douglas C. Engelbart）发明了计算机鼠标，并引入文字编辑器、超链接和图文混排等创新概念。尤其是超链接，它后来成为现代互联网的重要基础。

3. 人工智能的消沉期

20 世纪 70 年代初，人工智能的发展遭遇瓶颈。当时计算机有限的内存和处理速度不足以解决任何实际的人工智能问题。人们要求人工智能程序对这个世界的认识与儿童无异，但研究者们很快发现这个要求太高了。当时，没有人能够创建用于存储智能信息的庞大数据库，也没有人清楚如何使一个程序能够学习如此广泛的信息。由于研究进展缓慢，一些资助人工智能的政府与机构（例如英国政府、美国国防部高级研究计划局和美国国家科学基金会等）逐渐减少了对人工智能研究的资金支持，这使得人工智能的发展经历了一段艰难的时期。

4. 人工智能的突破期

1981 年，日本启动人工智能计算机项目计划，其他国家也纷纷开始为人工智能领域的研究提供大量资金。

1982 年，第一个成功的商用专家系统 R1 开始在美国 DEC（Digital Equipment Corporation，美国数字设备公司）运转，每年为该公司节省上千万美元成本，以专家系统为代表的人工智能产品得到市场认可。

1986 年，美国发明家查尔斯·赫尔（Charles Hull）成功制造出人类历史上第一台 3D 打印机，这一创新成果极大地改变了人们对人工智能的认知。

5. 人工智能的高速发展期

1997 年 5 月 11 日，国际象棋世界冠军加里·卡斯帕罗夫（Garry Kasparov）在与一台名叫“深蓝”的 IBM 公司开发的计算机经过 6 局规则比赛对抗后，最终拱手称臣。卡斯帕罗夫在前 5 局打平的情况下，于第 6 局决胜局中，仅仅走了 19 步，就败给了“深蓝”。人类用自己所创造的工具击败了人类，并且是在人类引以为傲的智慧领域，由此引发了一场有关人类创造物与自身关系的深层讨论。

2011 年，沃森（Watson）作为 IBM 公司开发的使用自然语言回答问题的人工智能程序参加美国智力问答节目，打败两位冠军，赢得了 100 万美元奖金，这表明沃森有储备知识和运用知识的能力。

2013 年，深度学习技术在产品开发中得到了广泛应用，众多人工智能研究机构纷纷成立，致力于深度学习的探索，以期为用户提供更加智能化的体验。与此同时，众多科技企业开始并购语音和图像识别领域的公司，大力推广深度学习平台。百度公司也成立深度学习研究院，并很快推出了全球领先的人工智能服务平台。

2016 年 3 月 15 日，AlphaGo 与围棋世界冠军李世石的人机大战的最后一场落下帷幕。在第 5 场经过长达 5 个小时的搏杀，最终李世石与 AlphaGo 的总比分定格在 1∶4，以李世石认输而结束。这一次的人机大战让人工智能正式被全世界熟知，整个人工智能市场也像是被引燃了“导火线”，开始了新一轮爆发式增长。

现如今，人工智能技术高速发展，特别是近十年来，我国的人工智能应用产业全面开花。

2010—2014 年，在“AI to Consumer”的消费互联网领域，天猫和淘宝“千人千面”的商品推荐、腾讯公司的人工智能医学影像分析、字节跳动公司的“你关心的才是头条”、滴滴的早晚高峰拼车、饿了么的骑手智能派单等智能化应用，都是线上“数据富矿”催生的“智能平台”模式，并进一步实现了“人工智能的基础设施化”，智能云平台、智能超算集群等纷纷落地实现了商业化输出。

2014 年至今，在“AI to Government”的智能政务领域，政府作为需求方，将人工智能融入铁路公路、机场港口、轨道交通、园区地产等基础设施领域，逐步实现社会基础设施的“智能化改造”，并在政务、教育、医疗等公共服务领域应用人工智能算法，深入挖掘公共数据资源，提升公职人员的服务效能。同时，国家加大政府对人工智能开放平台、芯片、智能制造的基础研发政策扶持力度，加大投入产业引导基金，孵化了一批科创企业。

2018 年开始，“AI to Business”逐渐兴起，人工智能与零售业、制造业、农业（种植业、养殖业）、物流供应链等行业深度融合。尽管国际形势不断变化，但我国不同规模的企业都在积极探索独特的“智能商业”转型之路。以商汤科技为代表的人工智能独角兽企业，依托机器视觉、交互语音和自然语言处理（Natural Language Processing，NLP）等人工智能超算平台，逐步为各行各业赋能，在公共服务之外寻找新的增长点。人工智能广告、增强现实（Augmented Reality，AR）直播、智能制造、人工智能养猪等初期标杆案例显示出各产业智能化的巨大发展空间。

「进阶阅读」

人工智能的重要性和影响

人工智能的重要性和影响日益凸显，已成为当今科技和社会发展的关键驱动力。人工智能技术的迅猛发展正在逐渐改变人们的生活方式，在各个领域都产生了深远影响。

第一，人工智能极大地提高了工作效率和生产力。通过自动化和优化复杂流程，人工智能能够执行重复性、烦琐的任务，从而释放人力资源，让人类专注于更具创造性和战略性的工作。这种生产力的提升为企业带来了更高的经济效益和竞争优势。

第二，人工智能在解决问题和决策方面展现了强大的能力。人工智能系统能够处理和分析海量数据，快速准确地识别模式、趋势和关联，为解决复杂问题提供可行的方案。这种数据驱动的决策方式有助于减少人为偏见和错误，提高决策的客观性和准确性。

第三，人工智能在改善人们生活质量方面能发挥重要作用。在医疗领域，人工智能技术能够辅助医生进行疾病诊断和治疗方案制定，从而提高医疗服务的质量和效率。在交通领域，自动驾驶技术的发展有望减少交通事故，提升出行安全。

当然，人工智能的快速发展也带来了一些挑战和问题，如数据隐私、算法偏见、就业市场变化等。

（资料来源：刘持标，等．大学人工智能通识教程［M］．上海：上海大学出版社，2024.）

三、人工智能的特征及典型应用

1. 人工智能的特征

可以借助前文人工智能的定义来衡量一个对象、一个物体、一种应用具有的人工智能的功能，即它具有以下特征。

（1）像人一样思考，即它是有头脑的机器，可以进行与人类思维活动类似的活动，诸如决策、问题求解和学习等。

（2）像人一样行动，即它能替代人类来进行需要智能的技艺的工作，甚至能完成人类更擅长的事情。

可见，具有人工智能的机器能合理地思考、合理地行动。人工智能所涉及的知识涵盖数学、神经科学、心理学、计算机工程和控制理论等，如图 1–2 所示。

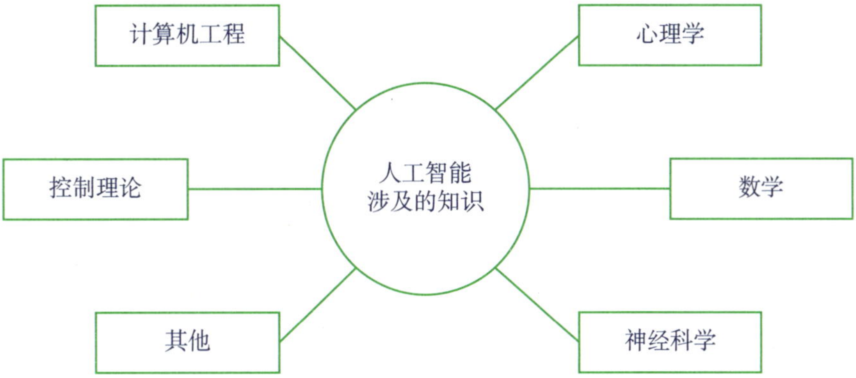

图 1–2　人工智能涉及的知识范围

由此可见，人工智能是一项复杂的系统工程，涉及多个学科的各个方面。对于那些专注于人工智能实际应用的人来说，掌握其相关概念和基本原理不仅令人满意，而且对个人的成长和发展大有裨益。

2. 人工智能的典型应用

自人工智能“横空出世”以来，从 1966 年世界上第一个聊天机器人 ELIZA，到后来的专家系统（如 DENDRAL 系统，该系统根据输入质谱仪的测量数据，自动输出给定物质的化学结构；我国科学家于 1978 年研制的国内第一个中医肝病诊治专家系统），再到后来轰动一时的战胜曾经的围棋世界冠军李世石的 AlphaGo，不断发展的人工智能应用一次又一次地点燃人们对人工智能的热情和期盼，世界主要国家高度重视人工智能的发展。美国是第一个将人工智能发展上升到国家战略层面的国家，英国通过《在英国发展人工智能》等政策文件加速人工智能技术的应用，日本于 2015 年制定了《日本机器人战略：愿景、战略、行动计划》，我国也发布了《新一代人工智能发展规划》，提出部署构筑我国人工智能的先发优势，加快建设创新型国家和世界科技强国。由此，人工智能进入发展高潮。

近年来，人工智能已广泛应用到各行业、各领域，为企业、行业的创新应用和人们生活的升级注入了新的动力，一些典型的应用如下。

（1）自动驾驶。在繁忙的城市中，许多人觉得驾车出行不便。高峰时段打车困难、地铁、公交拥挤、骑自行车存在安全隐患，出行困难已成为现代城市发展的普遍问题。如果实现自动驾驶，这些问题有望得到解决。或许在接下来的十年里，普通民众可以通过手机轻松召唤自动驾驶汽车，安全到达目的地。

到目前为止，自动驾驶“群雄逐鹿”的局面已经形成，包括苹果等国外科技公司都瞄准了这个方向，我国的百度、上海汽车等公司也正在开展自动驾驶研究。自动驾驶技术主要有两条研究路线：一条是“渐变”路线，即在现有汽车的基础上新增一些自动驾驶功能，如通过添加传感器收集车载数据来实现对路况的分析，辅助安全驾驶；另一条是“革命”路线，即颠覆传统的汽车功能、结构，实现自动驾驶，依靠车载激光雷达、视频感知、卫星定位、电脑控制等来实现自动驾驶，自动驾驶涉及的主要软、硬件如图 1–3 所示。

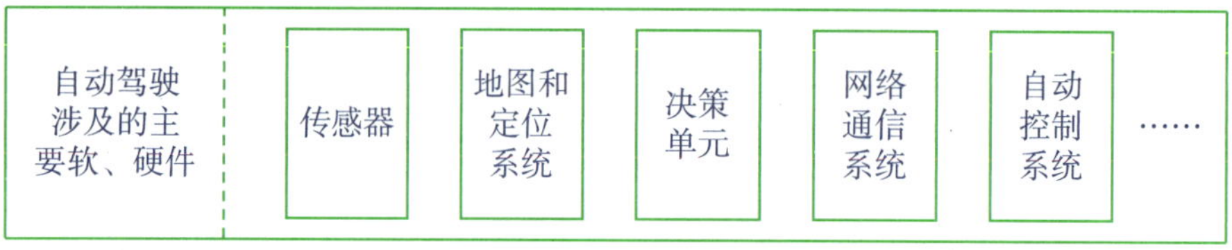

图 1–3 自动驾驶涉及的主要软、硬件

自动驾驶技术的出现不仅仅是对驾驶方式的革新，它还可能引发连锁反应，对众多行业产生深远的影响。例如，在汽车制造业，公司可能会从传统的“汽车销售”模式转变为“销售与服务相结合”的模式；在保险行业，由于自动驾驶或能减少车祸的发生，汽车保险的定义、资金流向和产业结构可能发生巨大的变化；对于交通和安全管理部门来说，驾照的发放和违章处理也可能被取消或重新定义。这一切，都会对人们的生活产生较大的影响，未来值得拭目以待。

（2）人脸识别。人脸识别也称人像识别、面部识别（见图 1–4），是基于人的脸部特征信息进行身份识别的一种生物识别技术。人脸识别涉及的技术主要包括计算机视觉、图像处理等。

图 1–4 人脸识别

人脸识别技术的研究始于20世纪60年代，随着计算机技术和光学成像技术的发展，在80年代得到不断提高。在20世纪90年代后期，人脸识别技术进入初级应用阶段。目前，人脸识别技术已广泛应用于多个领域，如金融、司法、公安、边检、航天、电力、教育、医疗等。有一个关于人脸识别技术应用的有趣案例：警方利用人脸识别技术在某歌手演唱会上多次抓到在逃人员。例如，2018年4月7日，某歌手南昌演唱会开始后，场内一名听众被警方带离现场。实际上，他是一名逃犯，安保人员通过人脸识别系统锁定了在场内的他。2018年5月20日，在该歌手嘉兴演唱会上，于某通过安检门时被人脸识别系统识别出是逃犯，随后被警方抓获。随着人脸识别技术的进一步成熟和社会认同度的提高，其将应用在更多领域，给人们的生活带来更多改变。

（3）医学图像处理。医学影像处理是人工智能在医疗行业中的一个典型应用领域，其处理的对象是通过多种成像技术生成的医学图像，例如在临床医学中广泛应用的核磁共振成像和超声成像等（见图1–5）。

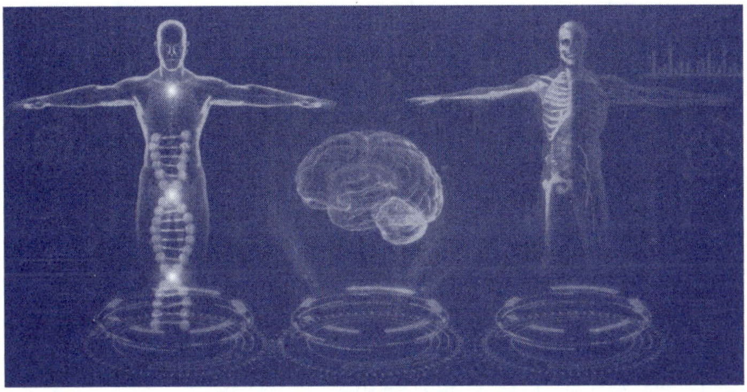

图1–5 医学影像成形技术

传统的医学图像诊断，主要通过观察二维切片图发现异常，这往往需要医生具有丰富的临床经验，而利用计算机图像处理技术，可以对医学图像进行图像分割、特征提取、定量分析和对比分析等工作，进而完成病灶识别与标注、针对肿瘤放疗环节的影像的靶区自动勾画，以及手术环节的三维影像重建等。

医学图像处理能够帮助医生对异常区域和其他目标区域进行定性和定量分析，从而显著提升医疗诊断的准确性和可靠性。此外，它在医学教育、手术规划、手术模拟、各类医学研究以及医学二维图像重建等方面也发挥着重要作用。

（4）机器人。机器人很早就出现在科幻电影中，1959年诞生了世界上第一台工业机器人。如今，随着计算机、微电子、人工智能等信息技术的迅猛发展，机器人的智能化程度越来越高，其应用范围从传统的工业制造快速扩展到家庭服务、医疗、教育和军事等领域，并在这些领域大显神通。

现在的机器人与过去的机器人的区别在于：现在的机器人可以更好地与人互动，具有更高的感知能力。机器人是由仿生元件构成并具有运动能力的机电设备，能够操纵物体并感知周围环境。作为一种典型的机电一体化和数字化设备，机器人具有较高的技术附加值，应用领域广泛，对未来的生产和生活将产生越来越重要的影响。那么，机器人是由哪几个部分构成的呢？图 1–6 所示为机器人的基本组成系统。

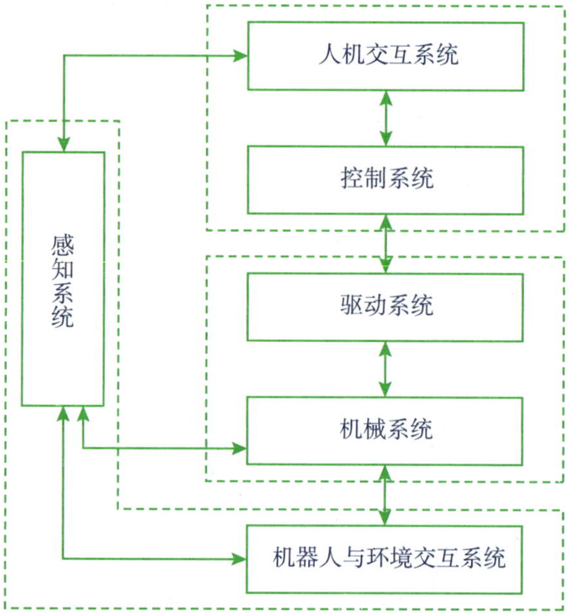

图 1–6　机器人的基本组成系统

由图 1–7 可知，机器人主要由感知系统、人机交互系统、控制系统、驱动系统、机械系统、机器人与环境交互系统 6 个部分构成。

1）感知系统：由内部和外部传感器模块构成，能够获取内外环境中的有价值信息。智能传感器的应用提升了机器人的灵活性、适应性和智能化程度。在某些特定信息的感知上，传感器比人类的感知系统更为敏锐。

2）人机交互系统：是人与机器人进行联系和参与机器人控制的系统，主要包括指令给定装置和信息显示装置。

3）控制系统：根据机器人的作用指令程序以及传感器反馈回来的信号，支配机器人的执行机构去完成规定的运动和功能。

4）驱动系统：给机器人各个关节处安装传动装置，可以使机器人运动起来。

5）机械系统：由机械构件和传动机构组成。如工业机器人的机械本体类似于具备上肢机能的机械手，由手部、腕部、臂、机身等组成。

6）机器人与环境交互系统：使机器人能够与外部环境中的设备进行交互和协同工作的系统。机器人与外部设备共同构成一个功能模块，例如加工制造模块或装配模块等。

（5）智能家居。图 1–7 所示为智能家居示意图。近年来，随着人工智能技术的赋能，智能家居产业迅速发展，家居生态趋于成熟，智慧新生活已经走进千家万户。如2016年，国外某公司发布人工智能管家Jarvis，这个管家不仅可以调节室内环境、安排会议行程、定时做早餐、自动洗衣服、辨别并招待访客等，甚至可以与家里的小朋友聊天。2014年一款智能蓝牙喇叭Echo问世，它接受用户的语音指令后，就能控制家电产品、联络打车，或帮用户在电商平台采购物品。海尔公司推出的U-home是海尔智能家居生活解决方案，它以人工智能为技术支撑，将所有的家居设备通过信息传感设备与网络互联，用户可通过打电话、发短信、上网等方式与家中的电气设备互动。

图1-7 智能家居示意图

不难看出，随着智能家居行业的不断进步以及消费者对高品质生活的追求，目前对智能家居单品的需求已经趋于稳定。智能家居的生态逐渐成熟，应用市场逐渐扩大，其应用场景将在家庭安全防护、改善生活环境的基础上，向家庭医疗健康、节能环保、娱乐教育等领域扩展，不断渗透到家居生活的方方面面，引领互联互通、智能智慧的新生活。

综上所述，我国人工智能产业市场规模巨大，总体的发展趋势如下。

（1）研发创新能力将进一步加强。我国的研发创新能力总体上还未达到世界领先水平，与美国、德国、日本等制造业强国相比仍有较大差距，将进一步加强人才培养、提升研发实力，并持续增加研发时间的投入。

（2）智能升级势不可挡。随着国内劳动人口增长缓慢，劳动力成本提高，人口红利会随之消失，较有效的应对方法是对制造业进行自动化改造。在政府和企业的智能改造升级过程中，机器人市场会持续火爆。

（3）服务机器人将被大面积应用。目前，人口老龄化趋势日益明显，劳动力成本不断上升，人们对高品质服务的需求也在增加。在这样的背景下，保姆机器人、客服机器人、无人银行、无人机、导游机器人等服务机器人将迎来更广阔的发展空间，有望成为未来机器人领域的主力军，其市场份额具有巨大的潜力。

任务二 人工智能应用领域

任务描述

小赵最近对人工智能产生了浓厚的兴趣。每当他看到新闻中提到人工智能时，总是充满好奇："人工智能到底在哪些方面应用呢？"于是，他决定进行一次探索。

任务分析

探究人工智能的应用领域，首先，他可以关注新闻和行业动态，了解人工智能的最新进展和应用案例。新闻中经常提到人工智能在医疗、金融、教育、交通等领域的应用，这些案例可以为他提供实际的应用场景和效果。

任务实施

经过60多年的研究探索和发展演变，人工智能技术目前已步入落地应用阶段，并渗透到各个领域，走入千家万户。目前，人工智能研究和应用领域已非常广泛，涵盖工业、农业、服务业，渗透到包括航空航天、教育、信息、制造、软件、生物医疗、零售、物流、汽车在内的各行各业。从理论到技术，从产品到工程，从家庭到社会，智能无处不在。

一、手机美颜

现在，许多手机厂商推出自带美肤效果的拍照功能，无须安装特定软件。这些手机受到女性用户的热烈讨论和追捧，被统称为美颜手机。美颜手机一般具备颠覆传统拍照效果、瞬间自动美颜的功能，如磨皮、美白、瘦脸、眼部增强、五官立体等。这些功能让用户在拍照时无须再进行后期修图，即可轻松获得满意的照片效果。美颜手机不仅满足了女性用户对美的追求，也逐渐受到更多男性用户的青睐，成为自拍文化的重要组成部分。

二、聊天机器人

聊天机器人（Chatter bot）是一种计算机程序，可以通过对话或文字交流来模拟人类的交谈方式，并且能够通过图灵测试。世界上最早的聊天机器人诞生于20世纪80年代，名为"阿尔贝特"，用Basic语言编写而成。Eliza和Parry也是早期非常著名的聊天机器人。聊天机器人试图建立这样的程序：至少暂时性地让一个真正的人认为他正在与另一个人聊天。

目前，聊天机器人无处不在，可用于多种实用目的，如客户服务、娱乐游戏、系统导航或资讯获取等。有些聊天机器人会搭载自然语言处理系统，但大多数简单的系统只会提取输入的关键字，再从数据库中找寻最合适的应答句。目前，聊天机器人是虚拟助理（如Google智能助理）的一部分，它可以与许多应用程序、网站以及即时消息平台链接使用。

三、新闻推荐

类似于购物和电影推荐，基于大数据分析的人工智能技术在新闻推荐方面表现出色，展现了巨大的商业潜力。在这一领域，字节跳动无疑是最成功的公司之一。

北京字节跳动科技有限公司成立于2012年，是最早将人工智能应用于移动互联网场景的科技企业之一，其独立研发的“今日头条”，通过海量信息采集、深度数据挖掘和用户行为分析，为用户智能推荐个性化信息，从而开创了一种全新的新闻阅读模式。

字节跳动旗下的今日头条利用其先进的个性化推荐算法，综合考虑用户的兴趣爱好、所在位置等多方面因素，为用户量身定制推荐内容，其推荐范围广泛，不仅涵盖传统意义上的新闻资讯，还囊括了音乐、电影、游戏、购物等多个领域的信息。通过深度挖掘和分析用户在社交互动、阅读习惯、地理位置、职业背景、年龄阶段等方面的数据，今日头条精准地把握了用户的兴趣点和关注重点，充分发挥了大数据和人工智能技术的优势，为用户打造了一个个性化的信息获取平台。目前，今日头条可在0.1秒内计算推荐结果，3秒内完成文章提取、挖掘、消重、分类，5秒内计算出新用户兴趣分配，10秒内更新用户模型。

四、在线翻译

在线翻译，一般是指在线翻译工具，如百度翻译、阿里翻译、有道翻译及Google翻译等。这类在线翻译工具主要是利用计算机程序将一种自然语言（源语言）转换为另一种自然语言（目标语言），其原理是依托海量的互联网数据资源和自然语言处理技术，在海量的语料库中查找各种模式，以求解最佳翻译。这种基于大数据分析的在线翻译过程，称为“统计机器翻译”。

尽管在线翻译技术取得了一些进展，但其质量提升仍面临诸多限制。从目前的成果来看，翻译结果与理想目标还有较大差距。中国数学家、语言学家周海中教授曾在经典论文《机器翻译五十年》中指出：要提高机译的质量，首先要解决的是语言本身的问题而不是程序设计的问题；单靠若干程序来做机译系统，肯定是无法提高机译质量的。同时，他认为在人类尚未明了人脑是如何进行语言的模糊识别和逻辑判断的情况下，机译想达到“信、达、雅”的程度是不可能的。

「进阶阅读」

AI与文学翻译

人工智能的翻译模型在网络文学领域的应用十分广泛。随着网络文学“出海”进入

3.0 时代，网络文学的翻译需求日趋旺盛，网友众包模式下的翻译质量不高，企业模式下的翻译文本产出效率低下，均成为制约网络文学海外出版的瓶颈。人工智能在网络文学翻译领域的应用，让海外网络文学读者可以更迅捷地阅读到高质量的作品。网文企业与人工智能科技企业在 AI 翻译模型开发方面进行了大量探索。2019 年，阅文集团旗下的海外门户起点国际与彩云科技合作推出 AI 翻译模型，起点国际同时上线“用户修订翻译”功能，利用修订过程中的数据完善翻译模型算法，使模型能够高质量地翻译特殊领域的词、句、段落。此外，开发团队在训练 AI 模型时还加入“翻译风格”选项，方便对不同品类网文作品的风格进行精准呈现。比如，针对不同的风格要求，AI 能够将同一句话用多种不同的译法进行差异化呈现。

（资料来源：肖立，门爱东. 人工智能创造学［M］. 北京：北京邮电大学出版社，2024.）

五、虚拟现实

虚拟现实（Virtual Reality，VR）是 20 世纪中后期逐渐发展起来的一项全新的实用技术。虚拟现实技术囊括计算机、电子信息、仿真技术于一体，其基本实现方式是计算机模拟虚拟环境，从而给人以环境沉浸感。

在 VR 领域，谷歌公司于 2012 年 4 月发布了一款增强现实型穿戴式智能眼镜——谷歌眼镜（Google Project Glass）。谷歌眼镜融合了智能手机、GPS 和相机的功能，能够在用户眼前显示实时信息。通过简单的眨眼动作，用户就能轻松实现拍照上传、发送和接收短信、查询天气和路况等功能。用户无须手动操作即可浏览网页、处理文本信息和电子邮件。同时，戴上这款“拓展现实”眼镜，用户可以用自己的声音控制拍照、视频通话和辨明方向。在兼容性上，Google Glass 可与任意一款支持蓝牙的智能手机同步。

任务三　人工智能的发展趋势与存在的问题

任务描述

小李对人工智能的快速发展感到惊讶，但同时也产生了疑问：“人工智能虽然很强大，但它到底存在哪些问题呢?”为了找到答案，小李开始进行研究。

任务分析

小李查阅相关文献，包括学术论文、行业报告、政策文件等，以了解人工智能领域的发展现状和存在的问题。这有助于小李建立研究背景，了解前人的研究成果和当前的研究热点。

任务实施

一、人工智能的发展趋势

1. 机器学习模型的民主化

机器学习的目标是让计算机能够从数据中获取知识，并在无须依赖程序指令的情况下进行自我提升。这种学习方式可以帮助计算机创建各种模型，例如用于天气预测的模型。

2. 用自然语言处理简化人机交互

自然语言处理（NLP）是人工智能的一个快速发展的分支，该领域专注于分析和理解人类语言。基于 NLP 的应用程序通过理解语音、上下文、方言和发音以及更细微差别来与人类交互。此外，NLP 正在帮助计算机培养超越人类的阅读能力和理解能力。

3. 通过情感分析增强体验

情感分析工具能够助力企业深入洞察客户诉求，通过解析各大社交媒体平台上的信息，优化品牌的社交监测能力。

情绪分析可在医疗保健和心理健康领域发挥着重要作用。除有关身体健康的其他指标外，情绪感应可穿戴设备还可以监控心理健康状况。心理健康服务提供者也可以采用像 Karim 和 Woebot 这样的心理治疗聊天机器人来帮助人们管理他们的心理健康。

此外，汽车制造商可以利用情绪分析技术，通过在汽车中安装高级的情绪识别系统，车载电脑能够监测驾驶员的情绪和注意力，从而辅助驾驶。未来，自动驾驶汽车能够完全替代驾驶员，通过识别愤怒、焦虑等情绪以及疲劳等状态，有效预防事故的发生。

4. 智慧城市的发展

目前，为庞大的城市人口提供水、电、更清洁的空气和便捷的交通正成为城市管理者的挑战，而获得医疗保健和公共服务是另一个主要问题。

智慧城市能够借助人工智能、大数据和物联网技术来应对城市人口面临的各种挑战。通过综合运用这些技术，可以更有效地分析来自城市各处的摄像头数据，图像和实时视频分析有助于识别事故和交通堵塞情况。管理员可以利用此信息集中管理道路上的流量。此外，他们可以依靠智能系统自动控制交通信号，以便优先通过应急响应团队和执法机构。

除一般监控外，面部识别和情感感知能力可能对在城市中运营的零售店有所帮助。基于人工智能的营销系统可以增强目前依赖于客户智能手机使用的地理位置和基于信标的店内营销方法。

人工智能在建筑设计和施工活动中也可以发挥重要作用。基于 AI 系统不仅可以管理建筑资产，还可以改进垂直框架系统的选择，帮助进行性能诊断，并通过 GIS 数据分析帮助规划施工阶段。在未来，人工智能将帮助设计纳米技术的定制建筑材料。这意味着除钢筋和混凝土外，工程师还将拥有大量新建筑材料来建造环境可持续建筑。

二、人工智能存在的问题

霍金在接受 BBC 采访时表示："人类由于受到缓慢的生物进化限制，无法与机器竞争，并会被取代。全人工智能的发展可能导致人类文明的终结。"目前，人工智能主要存在以下问题：

（1）人工智能对人类的工作和生活方式带来的变革，可能会影响现有的法律框架、道德规范和利益分配模式。同时，人类适应这些变化的速度可能无法跟上人工智能的快速发展，这将对社会现有体制造成冲击，进而引发混乱。

（2）人工智能替代人类思考，可能会使人类思维退化，从而威胁到人类的生存。

（3）大脑的实际工作，在宏观层面人们已经了解了些许，但是智能千姿百态、变幻莫测，复杂得难以理出清晰的头绪。在微观层面上，人们对大脑的工作机制却知之甚少，使人们难以找出规律。

上述存在的问题说明，人类大脑的结构和功能要比人们想象的复杂得多。人工智能研究面临的困难要比人们估计的重大得多，人工智能研究的任务也艰巨得多。要深入掌握人脑的构造与作用，攻克当前的难题，实现人工智能研究的目标，必须探索并构建更加先进的人工智能架构和理论框架，为人工智能的持续发展奠定坚实的理论根基。我们仍然需要进行多学科联合协作研究，从根本上解开"智能"之谜，使人工智能理论达到一个更高的水平。

「德技并修」

以人工智能服务教育变革

为开辟教育发展新赛道和塑造发展新优势，全面支撑教育强国建设，教育部等九部门发布《关于加快推进教育数字化的意见》(以下简称《意见》)，提出全面推进智能化，以人工智能服务教育变革。

该《意见》要求，推动学科专业数字化升级和科研范式变革。面向数字经济和未来产业发展，优化高等教育学科专业设置，超前布局数字领域学科专业。面向先进制造业和现代服务业数字转型需要，动态调整职业教育专业，赋能产教深度融合。以人工智能技术推动科研范式变革，提高科研组织效率，提高成果转化效率，助力建设一批新兴学科、交叉学科。

该《意见》提出，要完善知识图谱，构建能力图谱，深化教育大模型应用，推动课程体系、教材体系、教学体系智能化升级，将人工智能技术融入教育教学全要素全过程，推动科技教育和人文教育融合。提升国家智慧教育公共服务平台智能化水平，增强平台开放性，创新资源新形态，增强资源交互性，实现个性化智能推荐，完善资源开发、上线、应用、评价和退出全生命周期管理机制。

项目小结

本项目主要介绍了人工智能的基础知识和应用领域，首先介绍了人工智能的定义、发展历程以及各个阶段的关键事件和技术突破，其次介绍了人工智能的特征和在自动驾驶、人脸识别、医学图像处理、机器人技术、智能家居等多个领域的典型应用，最后介绍了人工智能的发展趋势和当前存在的问题。通过本项目的学习，读者能够全面了解人工智能的过去、现在和未来，掌握人工智能的核心概念和关键技术，同时培养批判性思维和跨学科整合能力，为未来的技术发展和社会进步作出贡献。

项目工单

请根据本项目所学知识，完成下面的实训内容（见表 1–1）。

表 1–1 项目工单

任务名称	任务描述	任务要求
人工智能历史研究	研究人工智能的发展历程，包括各个阶段的关键事件和技术突破。	1. 收集并整理人工智能从萌芽期到高速发展期的重要历史节点； 2. 制作一张人工智能历史发展的时间表； 3. 分析各发展节点对现代人工智能发展的影响。
人工智能应用案例分析	选择一个人工智能的典型应用领域，进行案例研究。	1. 选择一个人工智能应用领域（如自动驾驶、人脸识别等）； 2. 收集该领域的实际应用案例； 3. 分析案例的技术原理、应用效果和社会影响。

课后练习

一、填空题

1. 人工智能的现代起点被公认为是________年的达特茅斯会议。

2. 人工智能的定义之一是：“人工智能是一门科学，是使机器做那些人需要通过________来做的事情”。

3. 1966 年，美国麻省理工学院发布了世界上第一个聊天机器人________。

4. 人工智能的发展历程分为________、启动期、消沉期、突破期和高速发展期五个阶段。

5. 2016 年，AlphaGo 与围棋世界冠军________进行了一场人机大战。

6. 人工智能的特征之一是“像人一样________”，即它能替代人类进行需要智能的技艺工作。

7. 医学图像处理是人工智能在________领域的典型应用之一。

二、简答题

1. 什么是图灵测试，它在人工智能发展中有什么重要意义？
2. 简述人工智能消沉期的原因及其对后续发展的影响。
3. 列举人工智能在自动驾驶领域的主要技术和应用。

项目二　人工智能技术基础

项目导读

本项目主要介绍人工智能技术的基础知识，涵盖基本概念、发展历程以及核心技术。通过对知识推理、模糊逻辑、人工神经网络、自然语言处理、群集智能、专家系统、机器学习与深度学习等技术的深入分析，帮助学生理解人工智能的基本架构及其各层次的功能。

学习目标

知识目标

1. 理解人工智能的基本概念及其发展历程。

2. 掌握人工智能的基本技术，包括知识推理、模糊逻辑、人工神经网络、自然语言处理、群集智能、专家系统、机器学习与深度学习。

3. 了解人工智能的基本架构及其各层次的功能。

技能目标

1. 能够运用在线学习平台和技术论坛获取人工智能相关知识。

2. 能够分析和评估不同人工智能技术在实际应用中的效果。

3. 能够设计简单的人工智能模型，并进行基本的模型训练与评估。

素质目标

1. 培养自主学习和探索的能力，激发对人工智能领域的兴趣。

2. 增强团队合作与沟通能力，通过项目合作实现共同目标。

3. 提高解决复杂问题的能力，能够在不确定性中做出合理决策。

课程目标

1. 培养对科技发展的责任感，理解人工智能技术对社会的影响。

2. 引导学生树立正确的价值观，关注人工智能在伦理和社会问题上的应用。

3. 促进学生对国家科技创新战略的理解，增强服务社会的意识。

思维导图

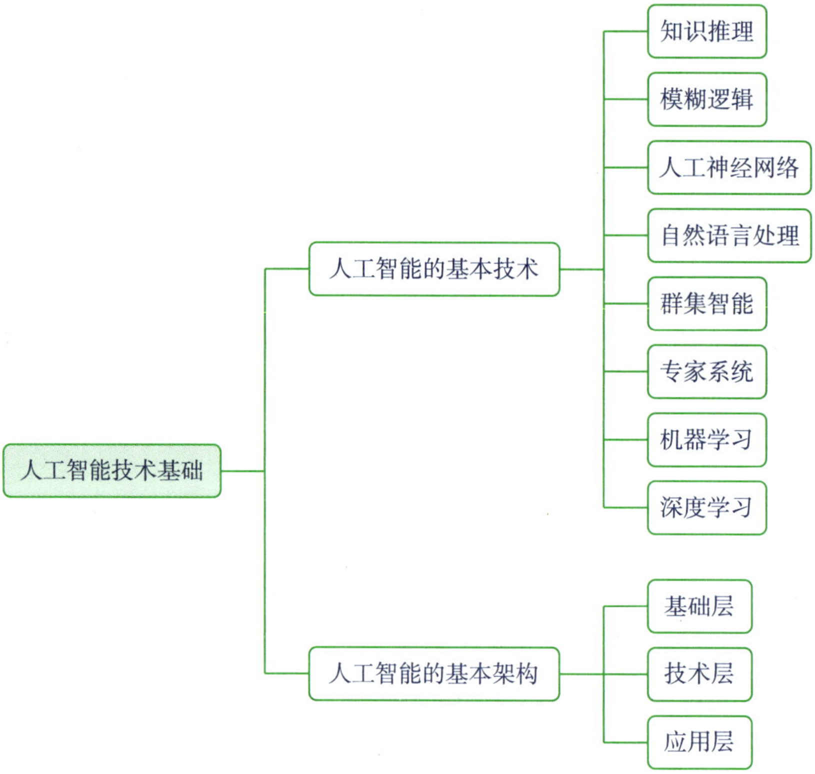

任务一　人工智能的基本技术

任务描述

小张梦想着能在人工智能领域大展拳脚。为了实现这个梦想，需要掌握哪些技术呢？为了找到答案，小张开始了他的探索之旅。

任务分析

小张可以从在线学习平台或者网络技术论坛上了解从事人工智能领域工作应掌握哪些技术。

任务实施

过去 60 多年来，对人工智能的研究未曾停止，如今人工智能即将带领人类走进划时代的科技盛世，那么该如何理解这门学问？可以先了解哪些重要的基本支撑技术，这些技术包括知识推理、模糊逻辑、人工神经网络、自然语言处理、群集智能、专家系统、机器学习与深度学习，下面对这几种技术加以介绍。

一、知识推理

知识推理是指在计算机或智能系统中，模拟人类的推理过程，遵循推理控制策略，运用形式化的知识进行机器思考和问题求解的过程。智能系统的知识推理过程是通过推理机来完成的，所谓推理机就是智能系统中用来实现推理的程序。推理机的主要任务是在特定的控制策略下，从知识库中检索可用知识，并与数据库进行匹配，以生成或验证新的事实。搜索和匹配是推理机的两大基本任务。对于一个性能良好的推理机，应有如下基本要求：

（1）高效率的搜索和匹配机制；

（2）可控制性；

（3）可观测性；

（4）启发性。

智能系统的知识推理包括两个基本问题：一个是推理方法，另一个是推理的控制策略。推理方法研究的前提是与结论之间的种种逻辑关系及其信度传递规律等；控制策略的采用是为了限制和缩小搜索的空间，使原来的指数型困难问题在多项式时间内求解。从问题求解角度来看，控制策略也称求解策略，它包括推理策略和搜索策略两大类。

1. 知识推理方法

知识推理方法主要处理推理过程中前提与结论之间的逻辑联系，以及在非精确推理中不确定性如何传递的问题。

按照分类标准的不同，知识推理方法主要有以下三种分类方式：

（1）从方式上分，可分为演绎推理和归纳推理；

（2）从确定性上分，可分为精确推理和不精确推理；

（3）从单调性上分，可分为单调推理和非单调推理。

2. 知识推理的控制策略

推理策略主要包括正向推理、反向推理和混合推理。正向推理，也称为事实驱动推理或数据驱动推理，其主要优势在于直观，允许用户输入有用的事实信息，是产生式专家系统的主要推理方法之一。反向推理又称目标驱动推理或假设驱动推理，其主要优点是不必使用与总目标无关的规则，且有利于向用户提供解释。混合推理可以克服正向推理和反向推理问题求解效率较低的缺点。基于神经网络的知识推理能够实现正向推理和反向推理。在开发结构选型的智能设计系统时，应根据具体情况选择恰当的推理策略。

搜索策略主要包括盲目搜索和启发式搜索，前者包括深度优先搜索和宽度优先搜索等搜索策略，后者包括局部择优搜索法（如盲人爬山法）和最好优先搜索法（如有序搜索法）等搜索策略。

3. 结构选型的知识推理策略

对于不确定性信息，主要有两类不确定性推理方法：一类是数值方法，包括确定性推理、概率推理（含主观 Bayes 推理）、模糊推理、证据推理和合情推理等各种不精确推理方法；另一类是非数值方法，主要包括非单调推理和批注理论（Theory of Endorsements）等。前已述及，结构的选型决策包含大量不确定性信息。我们认为，对于大型复杂结构选型的不确定性推理，应重点研究以下内容。

（1）基于信息融合技术的多源不确定性信息融合推理方法。信息融合技术本质上是一种多源信息的整合技术，通过计算机自动分析和综合来自不同信息源（例如传感器、遥感系统、互联网等）的数据，以完成所需的评估和决策任务。目前研制的建筑结构选型专家系统，大多是针对模糊性信息采用模糊推理方法进行方案评价。但是在大型复杂结构选型中，尚有大量随机性信息和不确定性信息，因此，应该重点研究模糊推理方法与概率推理和证据推理（对于不确定性信息）的综合推理问题，即研究基于信息融合技术的多源不确定性信息融合推理方法。

（2）基于人工神经网络的知识处理。基于人工神经网络（包括模糊神经网络）的知识处理具有集成特性，即知识的获取、表示和推理相互结合，均通过神经网络的学习训练来实现。这使得可以充分利用样本性知识，而样本性知识通常是最容易获取的。

（3）基于实例的推理（Case-Based Reasoning，CBR）。CBR 的核心理念是在解决设计问题时，利用以往处理相似设计问题的经验进行推理，而无须从零开始。从设计活动的推理机制来看，CBR 基于以前的经验实例，实例中包含问题说明、解决方案等信息，使得它们能满足当前设计问题。因而 CBR 适合于求解一些频繁遇到的有相似性的设计问题。研究和开发基于实例推理的大型复杂结构选型智能设计系统，可以更好地利用设计专家丰富的设计经验和设计成果，有利于存储、检索、调整和重用实例（包括成功的选型实例和失败的选型实例），对于协同式设计（Cooperation Design）、分布式设计（Distributed Design）和基于 Internet 的远程设计（Remote Design）都有重要意义。

二、模糊逻辑

在真实世界中，人类的思维概念、语意表达以及感觉判断等都存在着模糊（Fuzzy）的现象。什么是模糊现象呢？一般来说就是不精确、模棱两可、多重意义、不确定的意思。比如“今天天气很热”“那个人很年轻”等叙述。但是温度多高算热呢？年龄多少才算年轻呢？每个人对它们的定义都不同，也就是说这些语意或事物的状态，大都与人的主观的感觉判断有密切的关系，人们无法清楚地理解他人的感受，只能从其语意进行大概的判断，甚至对于个人而言也会因某种身体或心理的变化而产生判断的差错。虽然只能从不明确的言语中猜测其意义，但是之间的差距并不大，能达到彼此沟通的目的。

以往的集合属于二值逻辑，可明确地分辨元素属于哪一个集合，称之为明确集合（Crisp Set）。所谓明确就是“是”与“否”之间可以做出清楚的判断，通常用 0（否）与 1（是）表示。明确的集合如同电子电路学中的数字信号，不是开就是关。

模糊集合类似于人类的思维模式，它将二值逻辑扩展为多值逻辑，不仅用0和1表示隶属程度，还推广到用介于0与1之间的数值来表示。以空调为例，现在市面上已有利用模糊控制的空调，它的判断已不只是二值逻辑，而是以多值逻辑方式来判断，将每个温度给予某程度的值，形成某一模糊集合，温度27℃在温度“高”集合的所属程度为0，在“中”集合的程度为0.66，在“低”集合的程度则为0.33。模糊控制空调会随温度的高低程度控制风速、压缩机运转，改善了传统空调的不能维持温度平稳和浪费电等缺点。

另外，以“天气的舒适度”这个词来对明确集合与模糊集合的差异性进行更详细的说明。如果按天气舒适度指数分级，“寒冷”定义在19℃以下，“温暖”定义在20℃～26℃，“闷热”则定义在27℃以上。当温度在18℃时，则以传统明确集合来判断，从图2-1中可以看出明确集合会将其归类于“寒冷”，而不属于“温暖”。但人类对此温度只是感觉比舒适的程度稍冷一点，并非不舒适。相对地，若用模糊集合来区别，可以对每一温度给予一个对“温暖”而言的所属程度（也就是归属度），例如温度16℃的“温暖”所属程度值为0.1，温度19℃的“温暖”所属程度值为0.6等，随着温度不同，其程度也慢慢变化，如此区分也比较符合人类的思维模式。

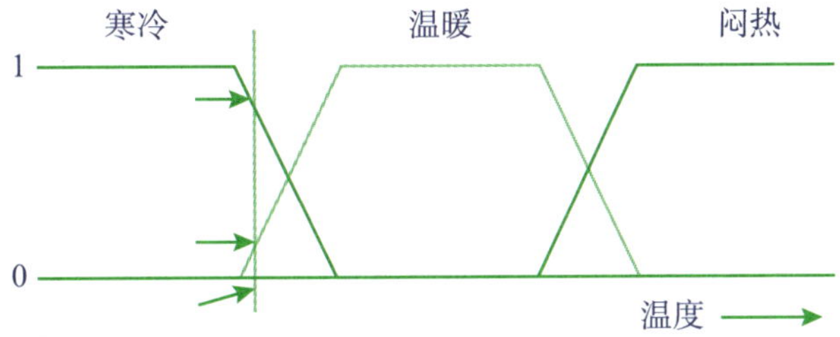

图2-1　模糊逻辑下的温度表示

三、人工神经网络

计算机科学家在研究人工智能时，自然希望模仿生物神经元的工作方式，因此他们设计了数学模型来模拟动物神经网络的结构和功能。所谓人工神经网络，是一种仿造神经元运作的函数演算，能接收外界信息输入的刺激，且根据不同刺激影响的权重转换成输出，或用以改变内部函数的权重结构，以适应不同环境的数学模型。简而言之，人工神经网络通过数学函数来模拟生物神经元的工作方式，利用数学模型来模拟生物的神经传导和反应过程，并接收来自外部的信息输入作为刺激，根据不同的刺激调整权重以产生输出。

1951年，科学家马文·闵斯基尝试建造了世界上第一个神经元仿真器SNARC（Sto-chastic Neural Analog Reinforcement Calculator），它能够在40个代理和一个奖励系统的帮助下穿越迷宫。六年后，康乃尔航空工程实验室的法兰克·罗森布拉特（Frank Rosenblatt）设计、发表了神经网络的感知器（Perceptron）实作后，人工神经网络学者曾经一度振奋，认为这个突破终将带领人工智能迈向新的发展阶段。

但是，人工智能领域的研究在20世纪70年代因为缺乏大规模数据、计算复杂度无法提升，无法把小范围的问题成功拓展为大范围问题，导致计算机领域无法取得更多科学研究预算的投入而沉寂。到20世纪80年代，科学家首先通过思考上的突破，设计出新的演算方法来模拟人类神经元，迎来神经网络的发展时期。物理学家约翰·霍普费尔德（John Hopfield）在1982年率先提出Hopfield神经网络，开启了人工神经网络可以递归设计的思考。四年后，加州大学圣地亚哥分校教授戴维·鲁梅尔哈特（David Rumelhart）提出反向传播法（Back Propagation），通过每次数据输入（刺激）的变化，计算出需要修正的权重回馈给原有函数，进一步刷新了机器学习的意义。科学家更进一步把神经元延伸成为神经网络，通过多层次的神经元缔结而成的人工神经网络，在函数表现上可以保有更多被刺激的记忆。

目前多层次的人工神经网络模型，主要包含输入层（Input Layer）、隐藏层（Hidden Layer）与输出层（Output Layer），如图2-2所示。另外，根据资料输入的流动方向，又分为单向流动或可以往回更新前一层权值的反向传播法。神经网络模型对计算能力有较高要求，为了提高对高度抽象数据层次的适应性，计算机科学家将其发展为更复杂、多层的结构，并引入多重非线性变换，这种技术被称为深度学习。

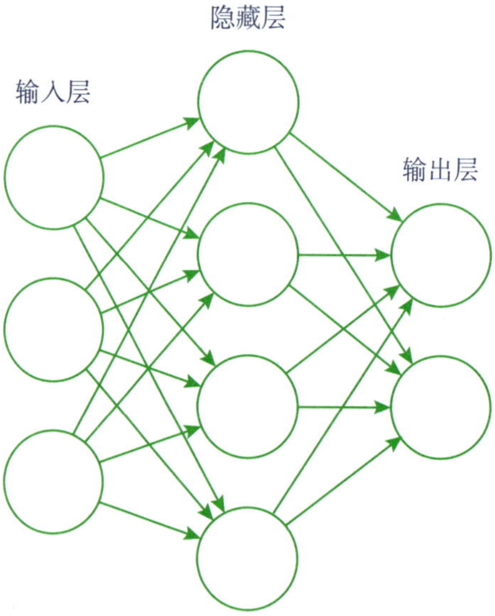

图2-2 多层次的人工神经网络模型

「进阶阅读」

人工神经网络与传统人工智能的不同

表2-1列举了人工神经网络（ANN）与传统人工智能（AI）的不同。

表 2-1 ANN 与 AI 的不同

项目	传统的 AI 技术	ANN 技术
基本实现方式	串行处理，由程序实现控制。	并行处理，对样本数据进行多目标学习，通过神经元之间的相互作用实现控制。
基本开发方法	设计规则、框架、程序，用样本数据进行调试，由人工根据已知的环境去构造一个模型。	定义人工神经网络的结构原型，通过样本数据基本的学习算法完成学习，自动从样本中抽取内涵，自动适应应用环境。
适应领域	精确计算：符号处理，数值计算。	非精确计算：模拟处理，大规模数据并行处理。
模拟对象	左脑（逻辑思维）	右脑（形象思维）

（资料来源：尚荣华，等 . 计算智能导论［M］. 西安：西安电子科技大学出版社，2024.）

四、自然语言处理

自然语言处理可以划分为多个阶段，如语音或文本识别、自动分词与词性标注、句子生成与文本朗读等。它主要探讨如何利用计算机处理自然语言，并使机器能够理解人类的语言，是人工智能领域的一个关键分支。

英国雷丁大学的演化生物学家马克 · 佩葛（Mark Pagel）认为，最早的一种社会科技是人类的语言，语言的发明让早期人类部落通过新工具合作在演化上占有优势。自然语言处理可以简单分为进、出计算机两种：其一是从人类到计算机——让计算机把人类的语言转换成程序可以处理的形式，其二是从计算机回馈到人——把计算机所演算的成果转换成人类可以理解的语言表达出来。

无论是从人类到计算机，还是从计算机到人类，语言处理通常都涉及我们一般学习外语所应具备的听、说、读、写等技能。其中听与说主要使用到听觉与发音，对计算机而言就是能够通过麦克风听到人类说话，把听到的声音转成文字（语音识别），或把计算机想要表达的意思转成人类可以理解的词句（自然语言生成），再用耳机或喇叭念给人类听（语音合成，功能通常称为文本朗读）。科学家和工程师们也在努力研究图像文字识别技术。图像来源可以是扫描后的图像文件，也可以是手机摄像头的实时图像。识别的目标文字可以是普通印刷品或打印文件中的文字，也可以是手写文字。

当计算机通过听或读，将人类的话语或文章转成文字、语句，送入处理层，还需要能够自动分词（Word Segmentation），也就是计算机必须拆解人类的语句来理解语意，才可以进而给出相应的答案。例如一般人对手机说："今天苏州会不会下雨"，手机必须录下声音，滤掉杂音，将这句话的声音转化为文字，将这些文字拆解成不同词句，并标注上不同词性（Speech Tagging）。

在了解用户查询气象信息的指令后，手机需要向能够提供天气信息的服务器发送相应的请求（告知服务器位置为苏州，并将今天转换为实际日期和时间），请求内容包括未来几小时的气温、天气状况（如多云、雨天或晴天）、风速、降雨概率、湿度、气压、空气质量和紫外线指数等信息。

当服务器响应了前述的数据后，手机可以选择用屏幕画面来响应，但更贴心的做法是把这些信息翻译成语音，然后播放出来。这时的处理可以把“苏州接下来八小时会是晴天，气温为25摄氏度，降雨概率是10%，空气质量良好”这个句子，通过合成语音并播放出来。但是，使用者问的其实是会不会下雨，所以必须进一步把降雨概率10%、晴天等信息转换成“会不会”的尺度，例如10%可以转化为“不太会”或“只有很小的概率”。

人类互动最重要的工具就是语言，无论是文字或语音，语音智能助理让人能和机器说话，是近年来最令人兴奋的进展之一。

五、群集智能

群集智能是一种研究分散式自组织系统中集体行为的人工智能技术。典型的群集智能系统由多个简单个体组成，每个个体与其他个体及其环境进行局部交互。尽管通常没有集中控制机制来指示这些主体如何协作，但这些简单的局部交互行为通常能涌现出复杂的全局行为。举例来说，个别的蚂蚁只能做单纯的作业，整体集合起来就能做出复杂的蚁巢，这就是蚂蚁群体所发挥的智慧。或者，磻鱼这样的小鱼集结成群就能对抗捕食者，也是生物界可见的群体智能。群体智能有时会表现出个体不会展现的智慧形式，是令人很感兴趣的议题。群体智能有各种阶段：

（1）多个个体集结而形成一个较大的群体来行动，属于原始阶段，如僧帽水母等；

（2）用费洛蒙或舞蹈等简单的传达能力，形成群体式规律行动的阶段，如蚂蚁或蜜蜂等；

（3）借助语言进行复杂的沟通，达到以群体的方式互助合作的阶段，这是人类特有的。

当前主要的群集智能方法包括蚁群算法（Ant Colony Optimization，ACO）和粒子群优化算法（Particle Swarm Optimization，PSO）。

1. 蚁群算法

蚁群算法是一种用来在图中寻找优化路径的概率型技术。1992年Dorigo等人利用蚂蚁群体合作寻找食物的行为，设计出一个用于处理优化问题的蚁群算法。1996年Dorigo将ACO算法，GA、SA等启发式算法与TSPLIB国际例题进行比较，其结果皆优于其他的算法，与最佳解的误差皆小于3.5%。

蚁群算法是如何形成的呢？我们常会看到蚂蚁在某个角落排成一列，从巢穴直奔食物而去。蚂蚁依靠的并非视力，更不是智慧，而是它们身上独特的费洛蒙。凭借费洛蒙，众多蚂蚁能够选择相对较好的路径行走（见图2-3）。

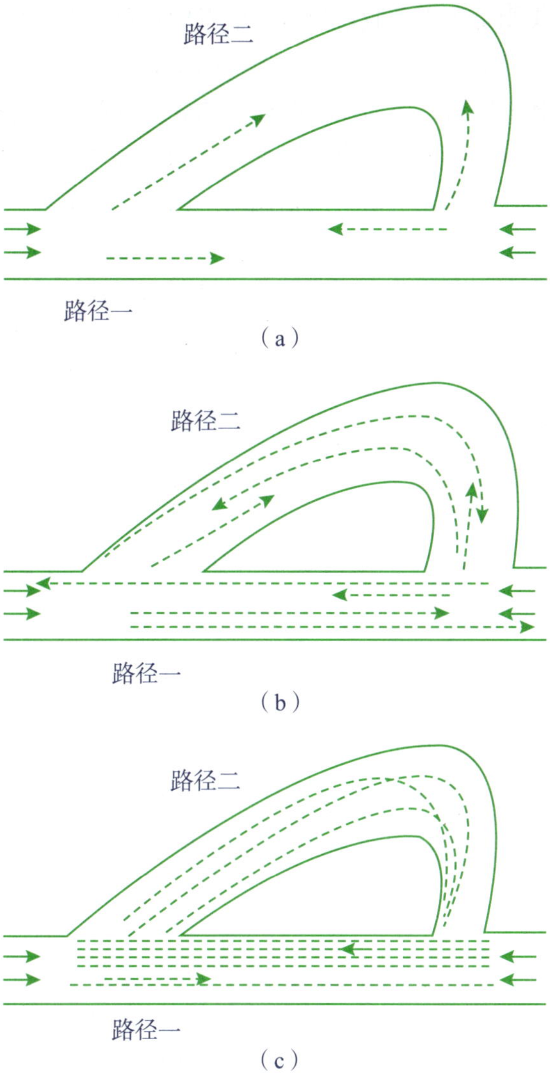

图 2-3　蚂蚁寻找路径

在现实生活中，我们无法预测蚂蚁的复杂行为，但如何利用其特性来研究算法呢？可以通过制定一些规则来揭示这些复杂行为中的规律，并据此编写简单的程序代码来控制蚂蚁的行为。实际上，我们不需要模拟蚂蚁的所有行为，只需模拟它们寻找问题最优解的过程即可。

基本上，我们制定的规则分为两大类。

一类是路径的选择规则。在 Dorigo 于 1997 年提出的蚁群算法寻路规则中，利用路径选择规则选择路径以缩短计算时间，而且只在最好的解上增加费洛蒙的痕迹。经实验证明，只在最好的解上增加费洛蒙的设计，确实有助于蚂蚁能最快搜寻到最佳解。

另一类是费洛蒙更新规则。蚁群算法中的费洛蒙更新规则也分为两大类。一类是费洛蒙及时更新，另一类则是费洛蒙脱机更新，前者用在每只人工蚂蚁走过该路径后，后者是在该回合结束后，针对费洛蒙值做一些适度的变更。当然，这个机制不仅仅影响了接下来蚂蚁做路径选择的决策，还与最后路径解的好坏有着紧密的相关。

规则制定完成后，蚂蚁之间没有直接联系，它们通过释放费洛蒙进行交流。当一只蚂蚁发现食物时，它会通过路径上留下的信息素向同伴传递信息："这里有食物！"其他蚂蚁经过时，察觉到费洛蒙后会聚集过来，费洛蒙浓度也会随之增加。

到目前为止，都是利用费洛蒙来判断该路径是否为最佳路径解，那么，第一个发现食物的蚂蚁，它是如何找到食物的呢？这只小蚂蚁从蚁穴出发时，所有路径费洛蒙的浓度都是一样的，也就是说，这只蚂蚁选择任何一条路径的概率都是相同的，既然没有外部因素的影响，蚂蚁就基于自身本能移动了。蚂蚁在行进时会朝着某个方向，但路径并非直线，可能会有些曲折，带有一定的随机性。这种运动方式既保持了原定方向的目的性，又不断尝试新的路径，尤其是在遇到障碍物时，蚂蚁会立即改变方向，这可以视为一种选择过程，即环境中的障碍物使得某个方向成为正确选择，而其他方向则不是。这就解释了为什么这只小蚂蚁在复杂得像迷宫的现实世界中仍然能找到隐蔽的食物。

蚁群算法也可以用来解决网状网络跳点问题。当网络流量或基地站负载改变时，通过此规划模式背后的改良式蚁群演算机制搜寻优化路由组合，可预见其能力将会优于目前 WiMax 所使用的传统跳点规划方法。ACO 也被应用来解决许多困难的寻优问题（NP-HardProblems），如 Traveling Salesman Problem、Quadratic Assignment Problem 等在算法中时间复杂度较高的问题。

2. 粒子群优化算法

粒子群优化算法（Paticle Swarm Optimization，PSO）由 Eberhart 博士和 Kennedy 博士发明，是基于迭代的优化工具，通过系统初始化为一组随机解，迭代搜寻最优值。它与遗传算法的差异是它不必经由交叉（Crossover）以及变异（Mutation）过程，而是粒子在空间中追随最优的粒子进行搜索。它是一种以群体为基础（Population-based）的优化搜寻技术。此搜寻技术主要是模拟鸟群觅食的社会行为。一群鸟在一个区域内随机分布，区域内仅有一块食物，所有鸟都不知道食物的具体位置，但它们能感知自己与食物的距离。那么，寻找食物的最佳策略是什么？最直接有效的方法是跟随视野中距离食物最近的鸟。如果将食物视为最优解，将鸟与食物的距离视作函数的适应度，那么鸟寻找食物的过程就可以视作函数优化的过程，这一概念即为粒子群算法。每只鸟（即粒子 Particle）在决定下一个搜寻的位置时，会依自己过去学习的经验，考虑朝向过去走过的路径中距离食物最近的位置前进，并且它也会借助群体（Swarm）同伴分享的信息，考虑朝向同伴中最有经验的位置前进。因此，粒子会综合学习经验与群体的信息，朝向下一个位置前进。通过每个粒子的学习并分享给其他粒子，PSO 得以寻找到相当不错的最优解。

以下举一个鸟群觅食的范例，将粒子群算法相关参数带入来加以说明：假设有 20

只鸟（粒子个数）在一地区（变量个数及各变量范围）做觅食的动作（目标式），它们想在这个地区找到食物最多的区块（寻优解）。

（1）一开始它们只会漫无目的地乱飞（初始化粒子的位置与速度），去找食物。

（2）找了十分钟之后（经过一次迭代后），会开始犹豫，现在找的这个地方是不是正确的？至于十分钟后，它会往哪个方向觅食？取决于以下各因素。

第一，在刚刚的十分钟里，它考虑自己的方向、速度、看到食物的多寡，犹豫要不要继续下去（解本身的权重 w）。

第二，它曾看到食物最多的地方（粒子本身曾找过最佳解的权重 $c1$）。

第三，在这 20 只鸟里，曾有一只鸟发信息告诉大家，目前它找到食物最多的地方在哪（所有粒子曾找过的最佳解的权重 $c2$）。

（3）在刚刚犹豫的时间里，有三个提示，于是这只鸟根据上述的三个提示，去调整找食物的方向及速度（更新粒子位置、速度）。

（4）重复第（2）（3）步，犹豫、改变方向及动作，过了一天后，这群鸟集中到了目前大家觉得食物最多的地方（重复第（2）（3）步，直到收敛）。

知道了每个粒子的移动方式，接着让我们看一下粒子群算法的完整流程，如图 2–4 所示。

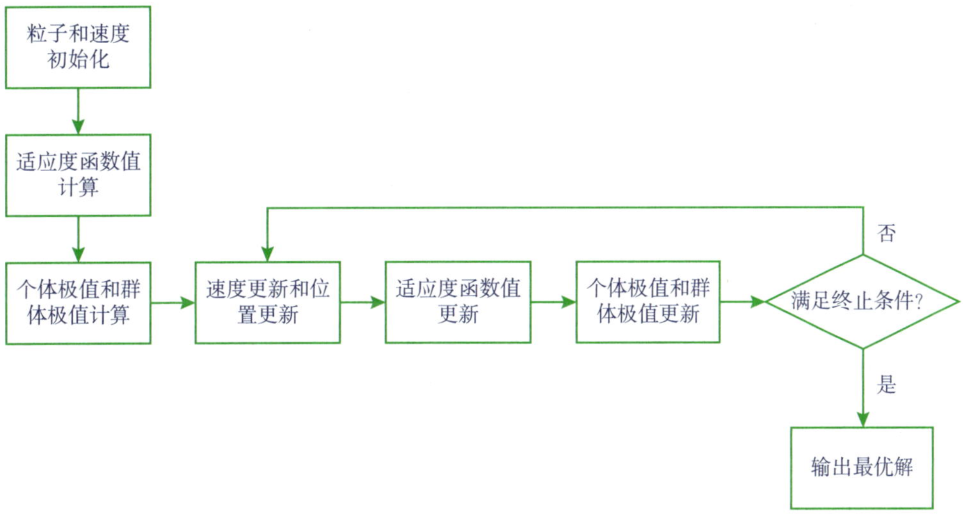

图 2–4 粒子群算法流程图

经过多次实验验证，粒子群算法在逼近最优解的速度上表现出色，能够有效优化系统参数。一些研究论文开始尝试用 PSO 替代反向传播算法来训练神经网络。众多研究表明，PSO 作为一种神经网络算法，具有较快的速度和较好的结果，显示出巨大的潜力。

六、专家系统

专家系统是早期人工智能的一个重要领域，可以视为一种具备专业知识和经验的计算机智能程序。它通常运用知识表示和推理技术，模拟领域专家解决复杂问题的能力。一般来说，专家系统 = 知识库 + 推理机，因此专家系统也被称为基于知识的系统。一个专家系统必须具备三要素：

（1）领域专家级知识；

（2）模拟专家思维；

（3）达到专家级的水平。

专家系统有时也称知识库系统（Knowledge Based System）、知识系统（Knowledge System）或智能系统（Intelligent System）。它是运用人工智能知识库技术，强化知识的一种计算机程序。它将特定领域的知识存储于知识库中，模仿人类专家解决问题的技巧和方法，利用知识库中的专业知识来应对问题。也就是说，用户输入相关信息后，专家系统便能针对该领域的特定问题提供合理的解释、可行的建议以及准确的推断。由此可看出专家系统具有以下特性：

（1）能处理现实生活中复杂的、须综合判断的知识；

（2）具有专家解决问题的能力，且有高度的效能；

（3）只能处理某一特定领域的问题；

（4）有一套合理的推论及解释功能。

尽管专家系统具备类似人类专家的推理能力，但它并不具备人类的广泛知识。因此，专家系统只能被视为在某一特定领域拥有专业知识的专家。通常，专家系统包括以下六部分。

（1）知识库：知识库包含所有解决问题的知识，如解决问题的策略及关于问题的事实、实体（Entities）。

（2）推理机（Inference Engine）：主要是提供软件将读者问题和数据库的事实、规则连接起来，进行逻辑推演的步骤。

（3）用户接口：便于系统与用户之间的交流。其作用在于使输入输出的数据能够相互沟通，从而解决问题。例如，用户输入问题，专家系统提供解答或建议等，都需要通过用户界面转换成系统和用户都能理解的语言。

（4）工作区：内存的一部分，所有知识库中的数据都存储在工作区中，工作区也可存储遇到的问题及状况。

（5）解释系统：可显示出推理的过程，并答复用户的有关问题。

（6）知识获取系统：人类专家可随时通过此知识获取系统，输入或更新专家知识及推理方法，以增加专家系统的功能。

各方的努力都是希望将专家知识输入计算机中，计算机就能成为一个助手，并像专家一样协助用户解决问题，并且能够达到下列目标：

（1）计算机可以整合新的知识，并且用容易理解的方式表达出来；

（2）计算机能处理自然语言的简单句子，而非特殊的程序语言；

（3）计算机应该能解释如何得到结论；

（4）在有限的问题范围内，计算机有可能在一定程度上像专家一样执行任务；

（5）最普遍的专家系统是基于规则的系统，开发基于规则的系统，可以利用专家系统框架，以便系统构造者可以将重心放在知识上，而非程序语言的学习。

七、机器学习

机器学习是一种用于让计算机进行预测或分类的算法方法。它通过收集大量的原始数据和标准答案，选择合适的数学模型，并通过验证数据来比较计算出的分类结果，以确定模型是否适合用于预测或分类。

科学家发现，要让机器有智能，并不一定要真正赋予它思辨能力，可以大量阅读、存储资料并具有分辨的能力，就足以帮助人类工作。20世纪70年代，人工智能学者从前一时期的研究发展中开始思考：在机器显现出人工智能时，是否一定要让机器真正具有思考能力？因此，人工智能有了另一种划分方法：弱人工智能（Weak AI）与强人工智能（Strong AI）。弱人工智能意指如果一台机器具有博闻、强记（可以快速扫描、存储大量数据）与分辨的能力，它就具有表现出人工智能的能力。强人工智能则是希望构建出的系统架构可媲美人类，可以思考并做出适当反应，真正具有人工智能。

机器学习可以视为弱人工智能的代表，只要定义出问题，搜集了适当的数据（数据中通常需要包含原始数据与标准答案，例如人像图片与对应人的性别、年龄），再将资料分为两堆——训练集与测试集，以训练集数据进行学习，通过特定的分类算法抽取特征值，构建出数据的数学模型，将该数学模型输入测试集数据，对比演算的分类结果是否与真实答案一样，如果该数学模型能够达到一定比例的正确率，则我们认为这个机器学习模型是有效的。这种具有标准答案，并以计算出的预期结果进行验证的机器学习，通常称为监督学习。

与监督学习相比，非监督学习侧重于在不知道如何对数据进行分类的情况下进行机器学习。换句话说，我们向计算机提供大量数据，但不指明这些数据的分类方式（可能我们自己也不清楚）。计算机通过算法对数据进行分类，而人类则仅对最终的分类结果进行评估，寻找数据中的规律，这正是机器学习的核心。

机器学习的发展方向是设计、分析一些让计算机可以自动学习的算法，让机器得以从自动分析数据的过程中建立规则，并利用这些规则对还没有进行分析的未知数据进行预测。过程中，时常运用统计学技巧，并转化成计算机程序，进而计算出资料的分界条件来进行预测。

八、深度学习

深度学习属于机器学习的范畴，是当前机器学习发展的主流方向。机器学习技术使机器能够自主学习，深度学习则让机器模仿人脑的工作方式，从而具备类似人类的学习能力。然而，机器是如何实现学习的呢？实际上，它是通过训练数据自动发现有用的函数。

一般机器学习方法要经过三个步骤：

（1）人类提供给机器一个由函数构成的集合（简称函数集）；

（2）人类根据训练数据定义函数的优劣；

（3）机器自动从函数集内找出最佳的函数。

深度学习也不例外。下面先介绍深度学习的基本架构，再分别就这三个步骤来介绍深度学习。

步骤一：人工神经网络就是函数集。

深度学习中，人类提供的函数集由人工神经网络（Artificial Neural Network）的结构所定义。人工神经网络和人脑确实有几分相似之处，我们都知道人脑由神经元（neuron）所构成，人工神经网络也由神经元连接而成。人类只需确定人工神经网络的连接方式，机器则能根据训练数据自动调整每个神经元的参数。目前，人工神经网络的结构仍然依赖于人类的预设。如果结构设计不当，所定义的函数集可能无法找到有效的函数，之后的努力将变得毫无意义。

不同任务适用的人工神经网络结构并不相同，例如卷积神经网络（Convolutional Neural Network，CNN）这种特殊结构，特别适合于图像处理。卷积神经网络也是AlphaGo的架构，但AlphaGo中的卷积神经网络和前者略有不同，没有最大池化（Max Pooling）这个图像处理的常用结构。目前，虽然有些技术已能让人工神经网络自动决定结构，但这些技术尚未有太多成功的应用。想要决定网络结构，通常必须依赖深度学习技术使用者的经验、直觉以及尝试错误。

步骤二：定义函数的优劣。

有了人工神经网络结构作为函数集后，接下来就要定义函数的优劣，以便在下一步骤让机器挑选出最佳函数，但什么是最佳函数呢？让我们举个具体的例子来说明。假设任务是手写数字辨识，也就是让机器检视图片，每张图中有手写数字，机器必须辨认出这个数字。执行手写数字辨识的人工神经网络，其输出层有10个神经元，分别对应从0到9的数字，而每个神经元的输出值则分别表示对应数字的信心分数，机器会把信心分数最高的数字当作最终的输出。在手写数字辨识中，训练数据是一堆图片和每张图片中的数字（数字须由人工标注）。这些训练数据向机器指示，当输入某张图片时，应该识别出对应的数字。如果将训练数据中的每张图片逐一输入某些函数进行识别，能够更准确地识别结果（即在输出层中对应数字的信心分数最高）的函数，通常被认为是更优秀的。当然也可能发生某函数能准确辨识训练数据，可是输入新图片时却发生辨识错误的情况。因此函数优劣的定义本身是很大的学问，只考虑训练数据的正确率是不够的。

步骤三：找出最佳函数。

根据训练数据可以决定一个函数的优劣，接下来就要从人工神经网络所定义的函数集中找到最佳的函数，也就是最佳的参数组合。我们可以把找出最佳函数的过程，想象成机器在学习。如何确定最佳的人工神经网络参数呢？最直接但效率最低的方法是对所有可能的参数值进行暴力穷举。然而，现代的人工神经网络通常非常庞大，可能包含数十个隐藏层，每层有上千个神经元，因此参数的数量可能超过千万。要穷举这上千万的参数组合，再根据训练数据计算每个参数组合（函数）的优劣来找出最佳函数，就算是计算机也办不到，因此暴力穷举法是不切实际的。目前最常采用的学习方法称为梯度下降法（Gradient Descent）。在此方法中，机器先随机指定第一组参数，再稍微调整第一组参数，找出比第一组参数略佳的第二组参数，接下来再稍微调整第二组参数，找出比第二组参数略佳的第三组参数。以此类推，让这个步骤反复进行，直到找不出更好的参数时就停止。参数的调整次数可能多达上万次，这就是深度学习需要耗用大量运算资源的原因。因为人工神经网络中有大量参数，所以还会使用反向传递法（Back propagation）来提高参数调整的效率。尽管梯度下降法能够训练出强大的 AlphaGo，但该方法存在一个缺陷：它无法确保能够从函数集中选出最佳函数，而只能找到局部最优解。更糟糕的是，这个算法是随机的，每次得到的函数可能不同，找到的函数质量在很大程度上依赖于运气。因此，在深度学习的领域里，充斥各种可以帮助梯度下降法找到较佳函数的妙招，但至今尚未有任何妙招可以保证找到最佳函数。如何让机器自动有效挑选出最佳函数，仍是个尚未克服的困难。

为什么需要“深”？为什么人工神经网络需要很多层神经元？简单的答案是深层人工神经网络比浅层的厉害。例如在实际应用中，较深的人工神经网络可以实现更低的语音识别错误率。如果深层网络的优越性能仅仅是因为神经元数量的增加，而与多层结构无关，那么将所有神经元集中到同一层，是否能达到与深层网络相同的效果呢？实际上，已有理论表明，只要神经元足够多，单隐藏层的浅层人工神经网络就能描述任何函数。于是把神经元排成多层的理由似乎更少了，甚至有人怀疑把神经元排成多层的深度学习只是噱头。有趣的是，虽然浅层人工神经网络可以表示和深层人工神经网络一样的函数，但浅层人工神经网络却需要更多神经元才能描述一样的函数。很深的人工神经网络好比一条分工很多的生产线，可以比浅层人工神经网络更有效率。同样的函数，浅层人工神经网络需要较多神经元，也意味着需要较多的训练数据。这意味着浅层人工神经网络要达到深层人工神经网络的性能，需要更多的训练数据。换句话说，在固定的训练数据量下，深层人工神经网络的表现将超越浅层网络。深层人工神经网络能够使用较少的训练数据完成相同的任务。一般人听到“深”这个字眼，往往联想到需要很多数据，但事实刚好相反。我们常听到“人工智能 = 大数据 + 深度学习”的说法，但这并不表示因为大数据，所以深度学习才比其他机器学习方法更成功。事实是大数据可以让所有机器学习方法都获得提升。相反地，正是因为数据永远都嫌少，所以才需要深度学习。

任务二 人工智能的基本架构

任务描述

小张对人工智能的神奇能力充满了好奇，尤其想知道这些智能系统是如何运作的。为了找到答案，小张决定深入研究。

任务分析

了解人工智能系统如何运作需要从该系统的结构层次开始了解，分析每个层次的功能。

任务实施

人工智能基本架构包括基础层、技术层、应用层三部分。基础层是计算能力和数据资源，位于人工智能架构的底层，支撑基本架构中的其他部分。技术层涉及算法、模型和技术开发，主要面向自然语言处理、人机交互、计算机视觉、生物特征识别以及 VR/AR 等领域，为人工智能的实际应用提供支持。应用层聚焦于人工智能与各行业、各领域的结合，位于人工智能架构的顶层，面向行业具体需求，利用人工智能技术开发智能化产品及新服务模式，推进各行业人工智能发展。人工智能基本架构图如图 2–5 和图 2–6 所示。

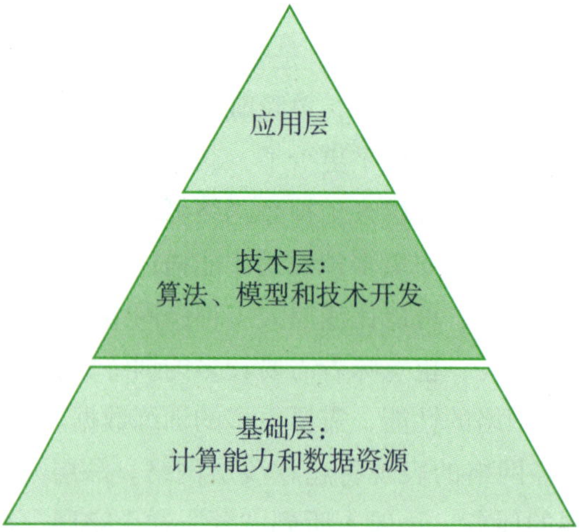

图 2–5 人工智能基本架构图（一）

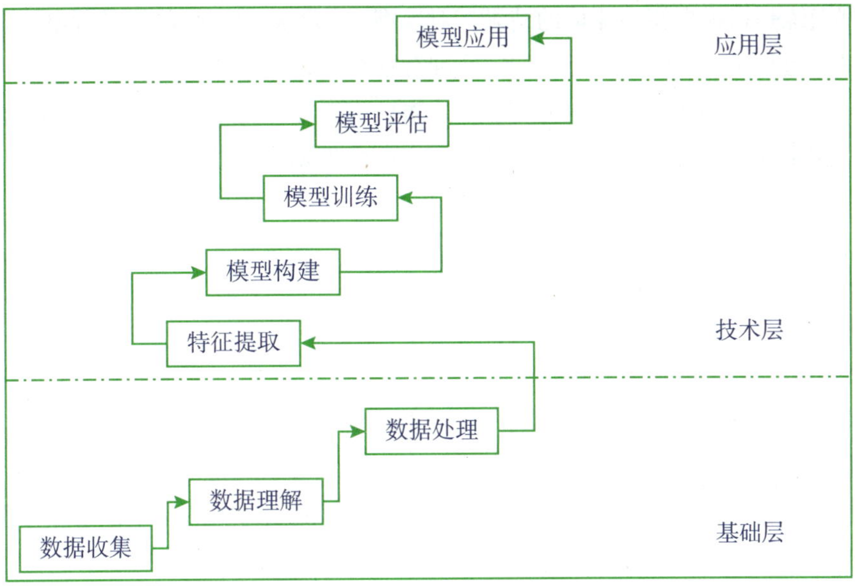

图 2-6　人工智能基本架构图（二）

一、基础层

从人工智能的结构可以看出来，人工智能的核心是基础层，即计算能力和持续的数据流。数据流包括数据收集、数据理解、数据预处理。

数据收集是指数据可以通过哪些途径获取以及获取什么类型的数据。常见的数据来源是采集、购买或用其他方式获取现有数据。比如城市地理学领域的数据采集渠道，可以同步获取一些社交 App，比如 Yahoo Flickr、Sina Webo 的 Checkin 数据，手机的信号数据，用户 GPS 的轨迹数据等。

数据理解是指在获取原始数据后，分析其内容和准确性，以便为后续的预处理做好准备。例如，我们需要从拍摄的各种照片中识别出包含人脸的图像。

数据预处理是指原始数据可能会有环境影响或者干扰因素，格式化也不好，所以为了保证预测的准确性和有效性，需要进行数据的预处理。常见的比如调整照片亮度、对比度、锐化等。

二、技术层

技术层的核心主要在于：特征提取、模型构建、模型评估和模型训练。

特征提取是将数据中有用且具有代表性的特征提取出来。例如，在对数千张照片进行分类时，特征可能包括性别、眼睛和皮肤的颜色、轮廓、脸型等。

模型构建是指使用适当的算法，获取预期准确的值。常用的分类算法包括：决策树分类法（Decision Tree），朴素贝叶斯分类算法（Native Bayesian Classifier）、基于支持向量机（SVM）的分类器、神经网络法（Neural Network）、k- 最近邻法（k-Nearest Neighbor，kNN）语义树、知识库、各种视觉算法等。

模型训练是指根据模型评估的结果，对模型进行不断的训练甚至是调整，以达到更好的效果。通常对一个模型进行评估的标准有查准率、查全率。

查准率 = 检索出的相关信息量 / 检索出的信息总量

查全率 = 检索出的相关信息量 / 系统中的相关信息总量

以人脸识别为例，假设数据库中存有 10 个用户的照片，对这 10 个用户进行拍照，识别出来库中包含的人脸有 7 个，这 7 个中识别正确的有 5 个，那么查准率 = 5/10 = 50%，查全率就是 7/10 = 70%。

三、应用层

应用层是模型应用，将模型部署、应用到实际场景中，包括智能制造、智能城市、智能交通、智能医疗、智能物流、智能家居、智能金融等领域。

比如在智能制造领域主要结合人工智能技术在智能制造中的应用，重点开展个性化定制、SCADA 数据分析、智能在线监测、预测性维护、高级排产和工艺优化、智能机器人、基于 VR/AR 的维修保养等研究。在智能金融领域，利用机器学习技术构建金融知识图谱，能够自动从金融数据中识别模式。通过人工智能技术对信息进行预测、决策和执行，金融投资和分析变得更加精确。这有助于建立标准化、模型化和智能化的风险控制系统，进而推动金融行业的发展。在智慧法庭领域，智慧法庭的建设和应用需要依托于智能大数据分析、语音识别、图像视频分析等多项人工智能技术的支撑，从而实现案情要素的分析、庭审语音识别自动转写、庭审行为视频分析、庭审视频流媒体转发与调度等功能。

「德技并修」

人工智能会取代你我吗?

人工智能会取代你我吗？这一话题引发热议，有人认为人工智能正赋能千行百业并逐渐取代人工，还有人认为要加强学习，无须过于担忧来自机器人和人工智能的竞争。

回答这个问题，对人工智能大模型来说，似乎就太简单了。人工智能不会直接判断，而是条分缕析，最后得出“协作共生而非简单替代”的结论，甚至还能展现整个思考过程。

看似确凿的结论，背后却有“悖论”：人工智能大模型对“不会取代你我”的结论论证得越好、越严密，越可能引发人们对于被抢走饭碗的压力和焦虑。

面对“十八般武艺”样样精通的人工智能，人类的不可替代性究竟在哪里？其实，答案已在前文中出现：焦虑或欣喜这样的人类情感，恰是人工智能难以复制的。

正因如此，人们主动拥抱技术革新，在学习掌握新工具中不断完善提升自己，在探索如何确保人工智能更好用、更可靠的过程中，持续补齐制度短板。种种情感，构成了每个个体向前奔跑的原动力。无数量变的累积，最终铸就人类社会向前突破的质变时刻。

这种能动性是人工智能尚不具备的。就像人工智能大模型所给的答案，无论多么饱含“情感”或者“创造力”，都是基于算法和数据生成的，本质上仍是机器对人类创造的模仿。

（资料来源：人民网 . 人工智能会取代你我吗？2025-03-07，内容有删减。）

项目小结

本项目主要介绍了人工智能的基本技术与架构，首先介绍了人工智能的基础知识和技术支撑，包括知识推理、模糊逻辑、人工神经网络、自然语言处理、群集智能、专家系统、机器学习与深度学习等关键技术。其次介绍了人工智能的基本架构，包括基础层、技术层和应用层，并对每一层的功能和作用进行了详细分析。最后指出人工智能在不同行业领域的应用实例，如智能制造、智能城市、智能交通等，提示人工智能技术的实际影响力和发展潜力。通过本项目的学习，读者能够全面理解人工智能的核心概念、技术原理和应用场景，掌握人工智能技术的基本框架，并能够将所学知识应用于解决实际问题，为未来在人工智能领域的深入研究和职业发展打下坚实的基础。

项目工单

请根据本项目所学知识，完成下面的实训内容（见表 2-1）。

表 2-1　项目工单

任务名称	任务描述	任务要求
知识推理实践	研究并实现一个简单的知识推理系统，能够根据给定的前提和规则进行逻辑推理。	1. 选择一个简单的场景（如家庭自动化）； 2. 定义相关的事实和规则； 3. 实现一个推理机，能够根据输入的条件进行推理； 4. 测试系统并验证推理结果的正确性。
模糊逻辑设计	利用模糊逻辑设计一个控制系统，如温度控制系统，并模拟其工作过程。	1. 确定控制目标和输入输出变量； 2. 设计模糊集合和隶属函数； 3. 实现模糊推理规则； 4. 模拟系统响应并调整参数以优化性能。

课后练习

一、填空题

1. 人工智能的基本技术包括知识推理、模糊逻辑、人工神经网络、自然语言处理、群集智能、专家系统、________与深度学习。

2. 在人工智能中，________是指在计算机或智能系统中，仿真人类的智能推理方式，依据推理控制策略，利用形式化的知识进行机器思维和求解问题的过程。

3. 模糊逻辑中，模糊集合的元素可以以 0 和 1 之间的数值来表示所属程度，这种逻辑扩展了传统的二值逻辑，称为________逻辑。

4. 人工神经网络的多层次模型主要包含输入层、隐藏层与________。

5. 自然语言处理的目的是让机器理解人类的语言，它包括语音或文字辨识、自动分词与词性标注、语句生成与________等。

6. 群集智能中的蚁群算法是一种用来在图中寻找优化路径的________型技术。

7. 专家系统通常包含知识库、推论机、用户接口、工作区、解释系统和________系统。

二、简答题

1. 描述人工智能基本架构中的技术层主要包含哪些内容。

2. 什么是深度学习？它与机器学习有何不同？

3. 简述专家系统的基本组成及其功能。

项目三 现代人工智能的应用

项目导读

本项目主要介绍现代人工智能的应用，涵盖语音识别、面部识别、图像处理和智能家居等领域。通过学习本项目的内容，学生能够全面了解人工智能技术及其在现代社会中的应用。

学习目标

知识目标

1. 理解人工智能在语音识别、面部识别、文字识别和图像处理等领域的基本原理和发展历程。

2. 掌握人工智能技术在语音助手、机器翻译、智能家居等现代应用中的工作机制。

3. 了解人工智能技术在不同领域的典型应用案例，包括但不限于语音识别、面部识别、图像分类和智能家居。

技能目标

1. 能够使用搜索引擎和资料检索工具，收集和整理人工智能技术的相关技术资料和案例分析。

2. 掌握基本的人工智能应用操作技能，如使用语音助手、智能家居控制等。

3. 能够分析和解决人工智能技术在实际应用中遇到的问题，如语音识别的准确性、面部识别的安全性等。

素质目标

1. 培养批判性思维，能够对人工智能技术的发展和应用进行合理评价和反思。

2. 增强创新意识，鼓励在学习和实践中探索人工智能技术的新型应用。

3. 提高信息素养，能够高效地处理和分析人工智能技术产生的大量数据。

课程目标

1. 增强国家安全意识，理解人工智能技术在国防和公共安全领域的重要作用。

2. 培养社会责任感，认识到人工智能技术在促进社会进步和改善人民生活方面的潜力。

3. 激发爱国情怀，了解和支持人工智能技术的发展，增强民族自豪感。

思维导图

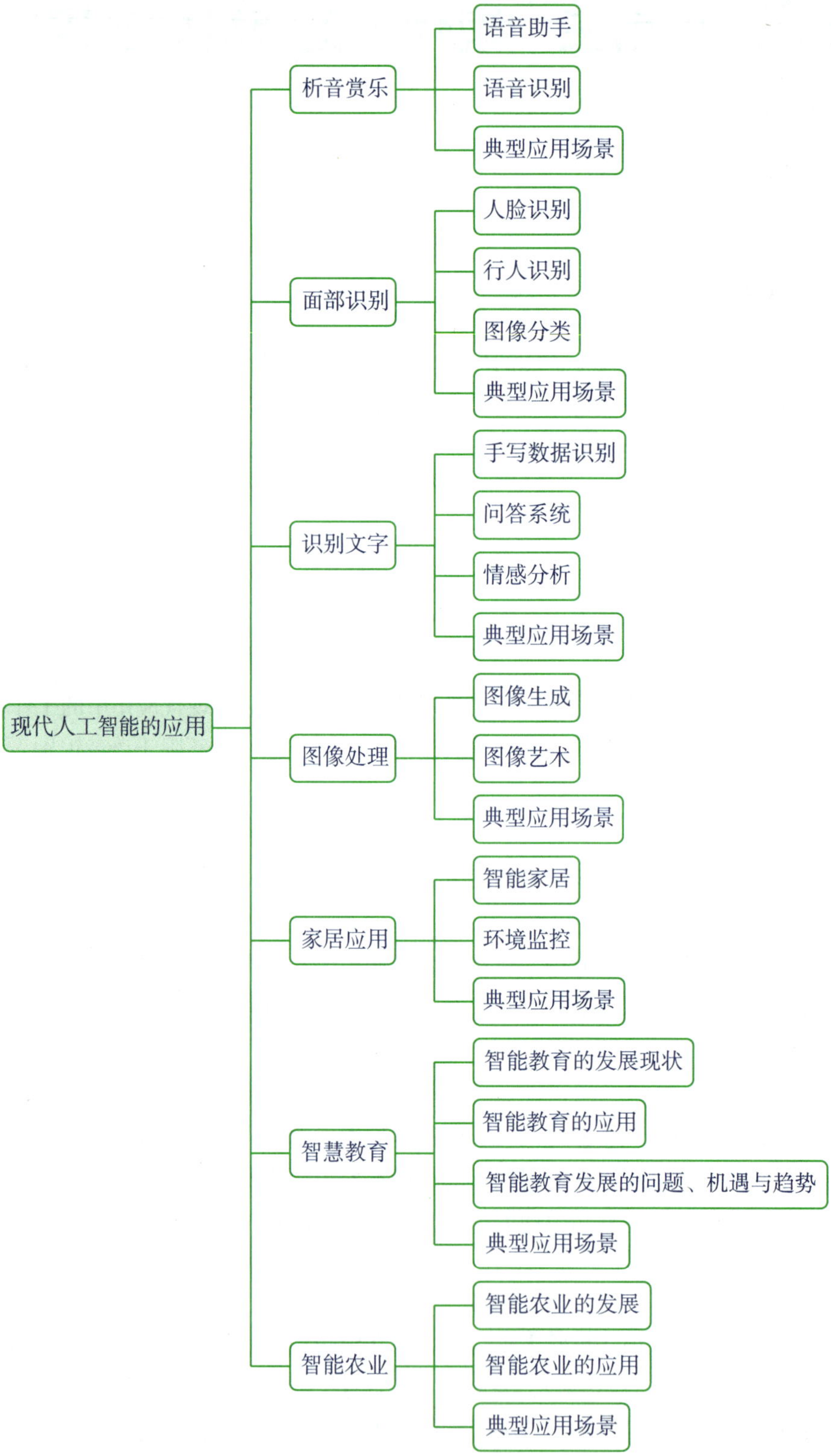
现代人工智能的应用
析音赏乐
语音助手
语音识别
典型应用场景
面部识别
人脸识别
行人识别
图像分类
典型应用场景
识别文字
手写数据识别
问答系统
情感分析
典型应用场景
图像处理
图像生成
图像艺术
典型应用场景
家居应用
智能家居
环境监控
典型应用场景
智慧教育
智能教育的发展现状
智能教育的应用
智能教育发展的问题、机遇与趋势
典型应用场景
智能农业
智能农业的发展
智能农业的应用
典型应用场景

任务一　析 音 赏 乐

任务描述

小林在网上看到一篇文章，提到人工智能可以“听懂”和“说话”，他心中充满了疑问：“人工智能在语音方面有哪些应用呢？”为了找到答案，小林开始了他的探索之旅。

任务分析

小林通过搜索引擎查找关于人工智能语音技术的资料，在初步了解人工智能在语音方面的应用后，从身边的电子产品中寻找人工智能的“存在”，感受人工智能带来的方便。

任务实施

1952 年，美国贝尔实验室发明了一种叫作“奥黛丽”（Audrey）的系统，这个系统可以听懂 10 个英文数字。20 世纪 60 年代，超音速飞机登上了美苏争霸战的舞台。在飞行中飞行员由于身体被几倍于体重的强大力量制约而无法使用肢体操作，那么能否用语音来操纵飞机呢？在美国国防部高级研究计划局（DARPA）的全力资助下，语音识别开始蓬勃发展。

2012 年，邓力公开发表了一篇论文“Context-dependent pre-trained deep neural networks for large-vocabulary speech recognition”，这篇论文成了第一篇正式把深度学习应用到语音识别上的研究论文。2016 年，机器在语音识别上的表现已经超过了人类的平均水平。

一、语音助手

智能音箱的背后技术是语音助手，目前最强的技术掌握在微软、谷歌、亚马逊、苹果和三星等几个巨头手中。常规的语音识别技术已经相对成熟，但发音技术仍需进一步完善。真正的语义理解技术还处于初级阶段，对于随意的口语表达，语音助手常常难以抓住重点，更难以给出准确的回答。2018 年，谷歌发布了语音助手的升级版演示，展示了语音助手自动电话呼叫并完成助人任务的场景。其中包含多轮对话、语音全双工等新技术，这可能预示着新一代自然语言处理和语义理解技术的到来。

「进阶阅读」

语音助手技术架构

智能语音交互系统（语音助手）包括语音识别、语言理解、对话管理、语言生成、语音合成等模块，具体工作流程如图 3-1 所示。

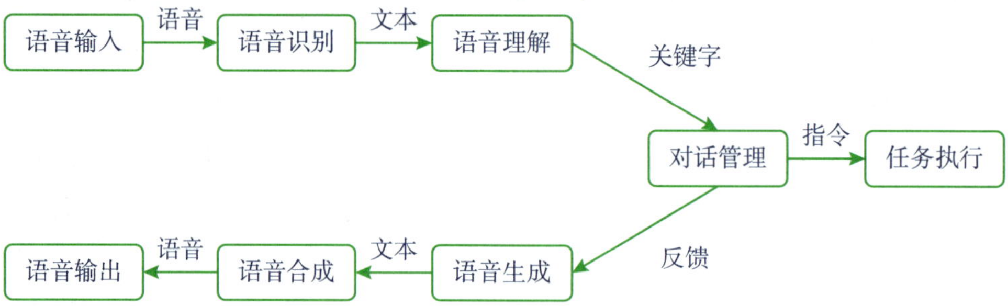

图 3-1　语音助手具体工作流程

以百度智能语音助手为例，当我们说“小度小度，今天天气怎么样”时，这就是一段语音输入，语音识别模块将输入的语音信息转为文字信息，文字信息通过语言理解模块提取关键信息（语言理解模块就是自然语言处理功能，将文字信息进行词性标注、分词处理等操作），关键信息“今天、天气”交到对话管理模块，执行相应的搜索任务，并将搜索结果“今天多云，最高气温 26℃”反馈给语言生成模块生成文本，再将所生成的文本提供给语音合成模块，合成语音并输出。

二、语音识别

在万物互联的时代，语音与计算机的交互成为最自然和便捷的方式。语音交互的首要任务是教会机器人理解人类语言，使机器能够通过计算、识别和理解自然语言信号，并将其转换为文本或命令，这一过程构成了机器的听觉系统，这项技术被称为“语音识别”。

创新工场的掌门人李开复在美国哥伦比亚大学读政治科学专业后转为计算机专业。1983 年，李开复进入卡内基 - 梅隆大学，开始了人工智能领域语音识别的研究，成为人工智能尤其是语音识别潮起潮落的见证者和重要参与者。

1. 机器翻译

“翻译”是语音识别领域最重要的一个应用。“机器翻译”依赖于两种数据。一种是双语对照数据，指明特定句子的翻译对应；另一种是大量句子，这实际上是向机器提供哪些句子是合理的示例。2012 年 10 月，微软研究院理查德 · 拉希德博士在天津举行的“21 世纪计算机大会”上演示了语音翻译系统，首次把语音识别、合成和机器翻译这三项人工智能技术融合在一起。人类的语言千差万别，但计算机的语言只有 0、1、0、1，一旦找到打开语言之门的钥匙，机器就能够理解人类的语言，就可以交流自如了。

2. 中国声谷

坐落于中国合肥的“科大讯飞”，被称为“中国声谷”。“让世界聆听我们的声音”是科大讯飞的标语。2008 年至今，科大讯飞连续在“国际说话人、语种识别评测”大赛中名列前茅；2014 年，科大讯飞首次参加国际口语机器翻译评测比赛勇获佳绩；2016 年，国际语音识别大赛上，科大讯飞取得全部指标第一；口语测评（根据人类英语的发音评价发音的准确程度、词汇量和语法句法）技术在世界上遥遥领先。

三、典型应用场景

1. 语音识别

百度语音向开发者开放了语音识别技术，其采用的离线、在线融合技术能够根据网络环境自动选择本地或云端引擎进行识别。极速语音识别功能则免去了按键操作，通过语音直接输入文字，快速返回识别结果，适用于游戏文字输入、社交聊天、语音指令等多种场景，提升了输入效率和用户体验。

2. 远场语音识别及呼叫中心音频文件转写

通过麦克风阵列前端处理算法，有效消除噪声，同时对目标说话人的声音进行增强，使得智能家居、智能硬件、机器人语音交互等场景下的远场语音也可识别，即使在 3 ~ 5 米的距离处说话也可准确识别。当然企业也可使用呼叫中心音频文件转写服务，将电销业务、客服业务、质检业务等多场景的语音精准地转为文字，提升企业效率并降低成本。

任务二　面 部 识 别

任务描述

小王在使用新手机时，偶然发现一个叫作“识图”的功能。他随手拍了一张自己的照片，手机竟然能够识别出他的名字和一些基本信息。小王感到非常新奇，他的心中涌现出一连串的问题：“这是怎么做到的？面部识别技术究竟是什么样的魔法？”为了解答自己的疑惑，小杰决定深入了解面部识别技术。

任务分析

小王可以查阅一些关于面部识别技术的入门资料，了解其基本原理和应用领域。

任务实施

仿生盲人眼镜 Smart Specs 是由牛津大学计算机视觉教授菲利普·托尔（Philip Torr）和他的伙伴们研制出来的一款电子视觉辅助设备，这款眼镜成为全世界第一个能为盲人解决行动独立性甚至阅读障碍的技术，引起业界轰动。

一、人脸识别

利用人脸识别技术，进行人员信息的录入与图像匹配，并将接收的信息传入数据库。人脸识别技术在犯罪嫌疑人身份确认、户籍信息管理、追逃行动以及重点区域的安全监控等反恐和安防领域，正发挥着日益关键的作用。人脸识别作为生物特征识别的一个分支，是模式识别和计算机视觉中一个非常活跃的研究领域。相较于其他的生物识别方式，人脸识别具有识别方式友好、识别结果直观、识别过程隐蔽等优势，这些特点的存在使得人脸识别技术在公安工作中的应用具备了天然的优势。

人脸识别技术流程如下：

1. 人脸检测及特征提取

在输入图像中检测人脸并定位出人脸的具体位置，通常用人脸的最小外接矩形表示人脸大小、位置；特征提取是对人脸检测数据库中定位出的各个人脸，通过空间变换、降维、机器学习等方法对其人脸特征进行提取，并使用特征向量的形式表示人脸特征，即一张人脸图像唯一地对应一个特征向量，而该特征向量通过变换唯一地对应原始的人脸图像，通过该步骤可以建立人脸图像和其特征向量的对应关系。

2. 人脸比对

将待比对人脸的特征向量与数据库中人脸的特征向量进行比较，可以通过向量的空间距离或范数等方法来衡量特征向量之间的相似度。最终，选择相似度最高的人脸图像作为比对结果，从而获取待比对人脸的详细身份信息。

公共场所治安巡逻、视频技侦、敏感人员布控等实战环境，都对人脸识别特别是在大规模底库中的人脸比对识别具有强烈需求。国内知名企业云创大数据提供的大规模人脸比对机解决方案可作为其底层基础设施，为公安上层业务应用提供高效的数据比对处理服务，为其实时反馈比对处理结果。

云创大规模人脸比对机作为亿量级大规模人脸特征高速比对系统，应用大规模人脸识别技术，针对大规模人脸 1∶N 应用场景性能需求，结合高密度混合服务一体机作为硬件支撑平台，配合大规模人脸识别算法，单台设备支持 1 秒可完成 7 亿次人脸比对。

「进阶阅读」

规范人脸识别技术应用

人脸识别技术具有广泛应用，但也面临系统遭破解、设备遭劫持、通讯遭篡改等风险，为了保护个人信息权益及其他人身和财产权益，维护社会秩序和公共安全，2023 年 8 月，国家互联网信息办公室关于《人脸识别技术应用安全管理规定（试行）（征求意见稿）》公开征求意见。该征求意见稿指出，使用人脸识别技术应当遵守法律法规，遵守公共秩序，尊重社会公德，承担社会责任，履行个人信息保护义务，不得利用人脸识别技术从事危害国家安全、损害公共利益、扰乱社会秩序、侵害个人和组织合法权益等法律法规禁止的活动。

（资料来源：郑新立，刘西友 . 从七种思维看数字经济［M］. 北京：人民出版社，2024.）

二、行人识别

行人识别的主要挑战性在于姿态、角度以及不同分辨率带来的大量变化。找出不同行人之间的差异是一个重要的研究方向。近年来，深度学习方法在行人识别方面取得了一定进展。目前的行人识别方法大致可分为两种：一种是多分类方法，将行人样本划分为相应的类别。在这种方法中，主要关注每个行人图像之间的差异，通过设计的深度学习网络提取每个行人的特征信息，并利用损失层进行计算，以减小类内差距并增大类间差距；另一种是根据行人图像对做二分类（相同或不同），该方法主要通过卷积神经网络，分别提取图像对的行人特征，并计算图像对之间的差异，判别是否属于同一个行人，从而达到识别的目的。行人识别和检测技术在无人驾驶汽车、智能视觉监控、服务型智能机器人等领域中均有重要应用。行人检测是计算机视觉领域的重要研究课题之一。行人检测通常通过图像处理、计算机视觉相关算法以及机器学习等技术，对行人进行检测和识别。根据分类方法，行人检测通常被分为形变部件模型变体、基于决策森林的行人检测方法和基于深度神经网络的行人检测方法 3 种。近年来，行人检测在这 3 个研究方向均有不同程度的发展，卷积神经网络在目标检测领域的成功应用，成为计算机视觉领域的研究热点之一。

其中，云创大数据行人特征识别系统集成了行人属性分析功能，即使在无法获得人脸影像的角度的场景下，也能对人员进行检测与特征识别记录，可识别的特征包括年龄类型、背包类型、上衣颜色、上衣类型、人员性别、发型、帽子类型、人种、裤子颜色、裤子类型等。该功能可用于在海量监控影像中对有一定特征的人员进行监测与布控预警，以有效增强人脸识别布控系统。

三、图像分类

谷歌的猫脸识别曾引起了学术界的轰动，它采用深度学习领域的“无监督学习方式”，即不进行人为的图片标注，而是让机器自己从大量原始数据中磨砺出算法，进行区分和识别。

近年来，随着计算机视觉技术的快速进步，高效且准确地对大量图像进行分类变得尤为重要。传统的图像分类主要针对单标签图像，即每幅图像仅与一个物体相关联。而在现实生活中，一幅图像往往包含多个不同种类的物体，所以研究对多标签图像的分类更加具有实际意义。针对人工神经网络在单标签图像分类中的应用已经有了广泛的研究，其中卷积神经网络展现出极其出色的效果和强大的性能。由于多标签图像具有内容复杂、物体互相遮挡等问题，将卷积神经网络应用于多标签图像分类，吸引研究者做了大量的工作。

四、典型应用场景

1. 图像审核及商品搜索

提供多种维度的图像审核能力，支持自助调整审核阈值、自定义文本黑库、敏感人物审核库等，配置最符合用户业务需求的审核策略。包括政治敏感识别、暴恐识别、广告检测、公众人物识别、图文审核、图像质量检测等；商品搜索通过用户上传的图片在商品库中寻找相同或类似的商品，以便进行销售或推荐相关商品。这一过程提高了商品搜索的便捷性并优化了用户体验。它包括自定义图库、相似图片搜索以及可视化图库管理等功能。

2. 车辆分析

准确识别图像中的车辆相关信息，提供车型识别、车辆检测、车流统计、车辆属性识别、车辆外观损伤识别、车辆背景分割等能力，包括识别车辆品牌型号、车辆检测和类型识别、车辆检测与追踪、动态车流量统计等。图 3–2 为车辆识别示意图。

图 3–2　车辆识别

云创大数据的车牌精准识别技术基于深度学习硬件提供计算资源，利用人工智能识别模型获取大量通行车辆的车牌等结构化数据。通过结合时间和空间信息进行大数据分析，形成每辆车的移动轨迹。并基于移动轨迹关键数据，结合行业业务应用需求，提供多种大数据分析、应用功能模式服务。目前，该项技术的准确率已达 99.95%，处于国内领先水平。

该项技术能够解决车牌遮挡、车牌磨损、车牌对焦不准、车牌抓拍反光、抓拍过曝、恶劣天气抓拍成像失真、车牌夜间抓拍、车牌抓拍角度不良、远距离抓拍、特种车牌识别等技术难点，在同类抓拍条件下识别技术的优势明显。适合应用于车辆行车轨迹、路径识别、不停车缴费、一车一档、车牌搜车、以图搜车、特征搜车、套牌分析、未系安全带分析、黑名单管理等典型应用场景。

在此基础上，云创大数据利用深度学习和强化学习算法开发了城市交通智能优化技术。在现有交通运行和信号控制规则的基础上，通过收集和提取大量交通信息、进行指标分类、构建算法和训练模型，实现对交通信号灯配时策略的优化与控制。这一技术提升了道路资源的利用率，减少了车辆排队时间，增加了路段的平均流量，从而显著降低了城市道路的拥堵程度，使城市交通更加智能化。

3. 车辆检测、智能定损及图像识别

车辆检测识别图像中的所有车辆，返回每辆车的类型和坐标位置，可识别小汽车、卡车、巴士、摩托车、三轮车、自行车 6 大类车辆。包括小汽车属性识别、交通安防、外观部件识别、部件损伤检测等。

智能定损是指车主或保险公司定损人员通过手机拍摄上传车辆损伤部位的外观图片，系统自动识别受损部件及损伤类型，快速在线定损，并可推荐引导至周边 4S 店或汽修店，显著提升小额案件的定损、理赔效率，包括识别车辆轮廓、高精度分割、汽车抠图等。

图像识别可以精准识别超过十万种物体和场景，包含多项高精度的识图能力并提供相应的 API 服务，充分满足各类个人开发者和企业用户的业务需求，识别物体或场景名称。支持识别动物、植物、商品、建筑、风景、动漫、食材、公众人物等 10 万个常见物体及场景，接口返回大类及细分类的名称结果。获取百科信息，支持获取图片识别结果对应的百科信息，接口返回百科词条 URL、图片和摘要描述，可选择是否需要返回百科信息，包括图像主体检测、识别动物名称、识别植物名称、商品 LOGO 识别、果蔬识别、红酒识别、地标识别、门脸识别等。

4. 铁路病态非接触检测系统

铁路轨道设备长期暴露在户外环境中，受到恶劣天气和列车负载的影响，其技术状态不断变化。这些异常状态直接影响铁路线路的运行安全。尽管相关路局的工务部门已制定了全面的维护计划，并定期安排巡线员和检修员进行检查，但由于人力资源不足、现场巡检无法复核的局限性以及设备在白天突发变化的概率，无法确保 100% 及时发现和解决铁路线路设备的异常情况。

云创大数据的铁路病态非接触检测系统通过在铁路线路设备前端安装定点工业级高清智能摄像机，进行实时图像采集，并在后端采用深度学习方法，对采集的图像信息进行智能分析，对铁路线路设备异常状态实时监控，从而提高铁路轨道巡检效率。

5. 智慧城市综合应用

作为未来城市的发展蓝图，目前智慧城市建设大多处于数据采集与共享的信息化建设阶段，难以称得上是真正的“智慧”。人工管理仍是主流。例如，目前全球路灯的保有量约为 3.04 亿盏，并将在 2026 年达到 4 亿盏（国际气候组织统计），其本身不菲的造价加之人工巡检、管理维护费用开支巨大，但绝大部分只是简单地用于照明。

智慧路灯伴侣作为智慧城市建设的起点，可以直接安装在城市现有的路灯或墙面上。它提供全景监控、人脸识别、车牌识别、实时巡查、视频标注、轨迹追踪、环境监测和便民服务等功能，将随处可见的普通路灯转变为智能化的城市基础设施，并为公安、城管、交通、环保和旅游等多个领域提供智能服务。

任务三 识别文字

任务描述

小王看到小张拿出手机，对准书上英文在拍照。小王好奇地凑过去，想看看小张在做什么。令他惊讶的是，小张的手机屏幕上显示了一个应用程序，这个程序竟然能够将手机摄像头对准的英文实时翻译成中文。小王看着小张的手机屏幕，英文单词和句子逐渐变成了他熟悉的中文。小王感到非常惊奇，他开始思考，这项技术背后隐藏着什么样的原理？它是如何识别和理解不同语言的文字的？这项技术还能应用在哪些领域？

任务分析

小王可以深入了解这项技术的核心原理，在了解其应用原理后就可以推断出这项技术可以在哪些方面被应用。

任务实施

随着计算机时代发展的不断进步，嵌入式通信系统由于特定的应用场景和目的，与其他系统相比具有一定的可靠性。远程高速数据识别作为嵌入式设备之一，广泛地应用到了通信系统中，人们对远程数据识别的需求越来越高，不仅要求通过网络可以远程控制、传输、存储大量的信息数据，而且要求有较高的识别率。

一、手写数据识别

目前，在远程高速数据识别过程中，面临数据识别时间过长、能耗较大和识别准确率不高等问题。在这种背景下，如何有效提升数据传输和处理能力，确保数据能够被准确且有序地识别，已成为亟待解决的社会问题。

二、问答系统

随着信息时代技术的发展，人们越来越习惯在互联网上获取各种各样的信息。传统的搜索引擎，用户只能基于关键词进行检索，这并不能充分表达用户的搜索意图。对不熟悉专业领域的业余人员，在询问他们感兴趣的领域问题时，往往也很难精准描述专业术语，导致关键词匹配失败。基于关键词匹配检索返回的候选结果，也难做到问题和答案的相关度吻合。用户要从大量的候选结果中定位目标结果，这种方式的准确率和召回率往往很低，用户体验较差。因此，自动问答系统应运而生。

自动问答系统（Automatic Question and Answering System），简称问答系统（QA），是一种能够接受用户以自然语言形式提出的询问，并从众多异构数据中检索出准确且简洁的答案的系统，它不同于简单的相关文档检索系统。目前，运用自然语言处理技术（NLP），借助信息检索（IR）从网络中检索答案，成为研究热点。

由于近几年人工智能及精准医疗、智慧医疗的提出，医学知识本体应用正受到国内外企业、学界的广泛关注，利用医学知识本体进行自动问答，有望带来更廉价、高效、精准的医疗建议和诊断。

「进阶阅读」

问答系统

问答系统分为两类，一类是开放区域的系统对话，另一类是特定区域的系统问答。问答系统技术是一个可以让电脑实现像人一样用自然的语言进行互相交流的技能。通过问答系统，人们可以用自然语言向它提出问题，系统就会自动展现出相关性高的结果。虽然问答系统已经应用在不少产品上，但是大多数仅应用于实际消息服务系统和智能手机等领域，在稳定性方面，问答系统还有一些不足需要调整和提高。

在自然语言处理方面需要面对四大难题：第一，在语法、词汇、语言语义、语言的应用和语音等方面把握不精确；第二，新词、新词的词义和新词的语法等未被发现的语言会造成难以预料的语言现象；第三，缺少足够的数据资源覆盖多变的语言情况；第四，由于语义信息具有模糊性和关联关系的复杂性，不能仅靠简易的数学模型去讲述，其计算过程涉及很多参数，具有很强的非线性特征。

三、情感分析

Web 2.0 时代以来，越来越多的用户主动通过各种网络传播渠道，以非商业的目的，分享关于产品的自身感知体验、意见观点以及所引发的情感认同。这些产品评论数据对商家和用户具有重要的参考价值。然而，由于评论数量庞大、内容多样且形式复杂，传统的人工方法难以全面和细致地提取有价值的信息。面对大数据时代带来的严峻挑战，探索并发现用户对某一产品的褒贬态度及意见，可以为企业的产品优化改进和消费者的购买行为提供数据支持。

产品评论情感分析是指利用自然语言处理、文本挖掘和计算机语言学等方法对评论文本进行识别和提取主观信息的过程，主要分为两个方面：产品特征提取和情感极性识别。产品特征提取与情感极性识别是产品评论情感分析的基础。

四、典型应用场景

对图片中的文字进行检测和识别，支持中、英、法、俄、西、葡、德、意、日、韩、中英混合等多语种识别，同时支持中、英、日、韩四语种的类型检测，基于业界领先的深度学习技术，提供多场景、多语种、高精度的整图文字检测和识别服务，印刷体文字识别准确率高达 99%。

1. 票据识别及卡证文字识别

基于行业领先的深度学习技术，提供财税报销、金融保险等场景中各类票据的结构化识别服务。这包括混贴票据识别、银行回单识别、增值税发票识别、通用机打发票识别、火车票识别、定额发票识别、彩票识别以及通用票据识别等。

卡证文字识别包括身份证识别（支持对二代居民身份证正反面所有 8 个字段进行结构化识别，包括姓名、性别、民族、出生日期、住址、身份证号、签发机关、有效期限，识别准确率超过 99%，同时支持身份证正面头像检测）；护照识别（支持对中国大陆护照个人资料页所有 10 个字段进行结构化识别，包括国家码、护照号、姓名、姓名拼音、性别、出生地点、出生日期、签发地点、签发日期、有效期。可应用于境外旅游产品预订、酒店入住登记等场景，满足护照信息自动录入的需求，有效提升信息录入效率，降低用户输入成本，提升用户使用体验）；户口本识别（使用户口本识别技术，对户口本上的姓名、性别、出生地、出生日期、身份证号等信息进行识别，可应用于新生儿建档、户口迁移、个人信贷申请、社会救济金申请等政务办理场景，使政务部门能够快速提取申请人身份信息完成核验和登记，提升办事效率）；出生医学证明识别（支持对出生医学证明的 6 个关键字段进行结构化识别，包括新生儿姓名、性别、出生时间、父亲姓名、母亲姓名、出生证编号。使用出生医学证明识别技术，对新生儿姓名、性别、出生时间及父母亲姓名进行识别，可应用于新生儿户籍登记、保健服务登记、幼儿入学登记等场景，使相关政务部门能够快速提取新生儿身份信息完成核验和登记，提升办事效率）。

2. 汽车场景文字识别及教育场景文字识别

基于业界领先的深度学习技术，提供对汽车购买及使用过程中所涉及的各类卡证、票据进行结构化识别的服务。包括驾驶证识别、行驶证识别、车牌识别、VIN 码识别等。

手写文字识别：支持对图片中的手写中文、手写数字进行检测和识别，针对不规则的手写字体进行专项优化，识别准确率可达 90% 以上。

公式识别：支持对试卷中的数学公式和题目内容进行识别，能够单独提取公式部分进行识别，也可以对题目和公式进行混合识别。同时，系统会返回 Latex 格式的公式内容及其位置信息，以便于后续处理。使用公式识别技术，可对题目中的数学公式和题目内容进行识别，并以 Latex 格式返回公式内容，满足对含数学公式的题目进行识别后匹配题库内容的需求，有效提升可搜索题目类型的丰富性，提升用户使用体验。

任务四　图像处理

任务描述

小李在休息时间刷着抖音，突然他看到一个视频，视频中两个人的脸竟然神奇地融合在一起，形成了一个全新的面孔。小李觉得非常新奇，他惊讶地想：“这是怎么做到的？难道手机里住着一个魔法师吗？”小李的好奇心被彻底激发了，他决定深入了解这个神奇的技术。

任务分析

小李通过在互联网上搜索相关的关键词，如“人脸融合技术”“深度学习”“神经网络”等，以获取更多关于这种技术的信息。除此之外，在视频平台上，小李找到相关的教学视频或教程，这些视频详细解释了图像处理技术的原理和操作步骤。

任务实施

图像生成技术是根据已知信息生成图像的过程、方法和算法的总称，它在过去的30年间得到了飞速发展，并被应用于各种场景。

一、图像生成

近年来，随着卷积神经网络（CNN）在图像生成与处理领域应用研究的不断深入，涌现出了很多使用CNN进行图像生成的方法。2014年，Good fellow等提出了生成对抗网络（CAN），并迅速成为最流行的深度学习算法之一，在图形生成、图像分类、图像识别等领域展现出了强大的力量。GAN包含两个部分，一个是生成器，另一个是鉴别器。它的优点是能够让生成器和鉴别器在对抗中自动获得最优的结果。该方法的核心在于利用CNN的多层卷积对目标图像进行特征提取，然后根据图像的像素概率密度分布特征进行重构。最后，通过将重构图像与目标图像进行对比，不断进行调整和优化。GAN将图像生成技术带到了全新的高度，在GAN被提出之后，许多领域的图像生成模型都采用GAN的基本结构并对其进行各种各样的改进。生成高分辨率的星系与恒星图像对预测未知恒星与星系、帮助人们了解宇宙有着重要的意义。GAN能够生成较为清晰的图像，但其缺点在于模型训练不稳定，容易出现过拟合或欠拟合的情况。目前，GAN在图像生成中主要应用于人脸和景观图像，而对于宇宙中的星系、恒星等图像的生成则鲜有研究。

二、图像艺术

现实世界中的物体，其表面往往具有各种纹理，即表面细节。一种纹理是由于不规则的细小凹凸造成的，称为凹凸纹理；另一种纹理是通过颜色中的色调、亮度变化体现出来的表面细节，这种纹理称为颜色纹理。而通常艺术家在不同的区域使用不同的色调、亮度和饱和度以表现不同的画风。基于这种理念，我们可以将艺术家的绘画风格视为一种独特的纹理，附加在物体的二维表面上。如何利用纹理模型精确地呈现这种非真实感的绘画风格，并根据创作者的意图生成理想的纹理效果，以实现艺术仿真的目标，也是人工智能在图像艺术领域的一个重要应用方向。

另外，纹理合成技术可以进行纹理填充（修补破损的图片，重现原有图片效果）、纹理传输（把一张图的纹理贴到另一张图中）等。所以纹理合成技术在图像编辑、数据压缩、网络数据的快速传输、大规模场景的生成以及真实感和非真实感绘制等方面，具有广泛的应用前景。

三、典型应用场景

1. 图像处理——人脸识别

（1）人脸检测与属性分析。迅速识别人脸并返回人脸框的位置，输出人脸的 150 个关键点坐标，检测图像中的人脸并标出其坐标位置，支持同时识别多个人脸，并准确识别多种人脸属性信息，包括年龄、性别、种族、颜值、表情、情绪、脸型、头部姿态、是否闭眼、是否佩戴眼镜、人脸质量信息及类型等，精准定位包括脸颊、眉、眼、口、鼻等人脸五官及轮廓的 150 个关键点。

分析检测到的人脸的情绪并返回置信度分数，目前可识别愤怒、厌恶、恐惧、高兴、伤心、惊讶、嘟嘴、鬼脸、无情绪等 9 种情绪。分析人脸的遮挡度、模糊度、光照强度、姿态角度、完整度、大小等特征。

（2）模糊人脸识别。模糊人脸识别技术可对模糊人脸进行清晰化处理，在原始人脸采集角度、清晰度、照度等条件不利的情况下，依旧能够获得较为准确的识别命中率，且支持人脸人像库 1∶N、路人库 1∶N、人脸 1∶1 验证、单帧多人脸检测等功能模式。例如在与某公安局的合作中，面对 13 起无法判断犯罪嫌疑人的案例，云创大数据模糊人脸比对系统与国内多家代表性人脸识别系统进行对比测试，发现在模糊监控视频场景下，云创系统的检出率远高于其他系统，13 起案例命中 9 件。

（3）智能眼镜人脸识别系统。身份证和指纹等身份验证方式为我们的生活提供了便利，但在安防、反恐和维护社会稳定等犯罪预防工作中，这些验证手段显得不足。尤其是在地铁等人流密集的区域，需要大量巡检人员，且耗时较长。随着人脸识别技术的日益成熟，如智能眼镜人脸识别系统等无感式应用，显著提升了安全巡检和处理警情的效率。

智能眼镜人脸识别系统利用可穿戴的独立 AR 一体眼镜采集数据，结合高速的后台人脸大规模比对能力，可支持巡逻执法过程中民警对视野范围内人员的人脸进行无感式身份比对、识别与预警。具体而言，在预先录入人脸信息以及物品信息的前提下，戴上眼镜后对着目标注视 1～3 秒，即能呈现人物的身份信息及物品的信息。

2. 图像处理——人脸融合

对两张人脸进行融合处理，生成的人脸同时具备两张人脸的外貌特征。此服务也支持对图片进行扫黄及政治人物过滤，以提供安全的人脸服务。也可以指定人脸，当图片中有多张人脸时，可以指定某一张人脸与模板图进行融合。将检测到的两张人脸图片进行融合，输出一张融合后的人脸。利用图像识别能力，判断图片中是否存在色情、暴恐血腥场景、政治敏感人物等。

3. 图像艺术化处理

基于先进的深度学习技术，对低质量图片进行去雾、对比度增强、无损放大和拉伸恢复等多种优化处理，以重建高清图像。具体方法包括图像对比度增强、去雾、风格转换以及黑白图像上色等。

「进阶阅读」

两种 AI 绘画工具

1. Adobe Firefly——面向企业的 AI 绘画工具

Adobe Firefly 是 Adobe 公司推出的一款生成式 AI 工具，可应用于图像生成和文本效果生成，旨在帮助创意专业人士和艺术家生成图像和艺术文字，从而提高创意生产力和创作信心。Adobe Firefly 可以根据文字提示建立图像，并提供数百种风格可以对结果进行调整。此外，它还可以生成类似笔刷、金属、皮革等元素，支持平面、3D、矢量等多种格式。

Adobe 数字媒体业务总裁戴维·瓦德瓦尼表示："通过 Firefly，Adobe 把生成式人工智能驱动的'创意成分'直接带入客户的工作流程，提高从高端创意专业人士到创作者经济长尾的所有创作者的生产力和创意信心。"

Adode 作为老牌企业，在全球拥有很多重度用户，如今它直接实现了图片生成 + 处理一条龙，确实具有很强的优势。

2. 灵创——非常易用的 AI 绘画小程序

灵创是一个微信小程序，它使用中文界面，并将参数列出供你选择，相比基于 Discord 的 MidJourney 来说，其使用门槛大大降低，而且，利用它所生成的照片同样质量超高，与 MidJourney 无任何差别。

任务五　家 居 应 用

任务描述

小陈在准备收拾东西下班时，注意到旁边的同事小王正拿着手机，似乎在操作着什么。出于好奇，小陈凑过去一看，发现小王正在使用一个智能家居应用。小王轻点几下屏幕，家里的电饭煲就开始煮饭了。小陈觉得这真是太新奇了，他决定深入了解这项神奇的技术。

任务分析

小陈想要深入了解这项技术，可以询问小王使用的智能家居应用的具体名称和功能，以及小王是如何设置和使用这个应用的。小陈还可以关注智能家居行业的新闻和动态，了解最新的技术和产品。这样，他可以清楚地了解到家中哪些物品可以应用到这项技术。

任务实施

一、智能家居

智能家居是在物联网的影响之下的物联化体现。智能家居通过物联网技术将家中的各种设备连接到一起，提供家电控制、照明控制、窗帘控制、电话远程控制、室内外遥控、防盗报警、环境监测、暖通控制、红外转发以及可编程定时控制等多种功能和手段。与传统家居相比，智能家居不仅具备基本的居住功能，还融合了建筑、网络通信、信息家电和设备自动化。它集成了系统、结构、服务和管理，创造出高效、舒适、安全、便利和环保的居住环境，提供全面的信息交互功能，促进家庭与外界的信息交流，优化生活方式，帮助人们合理安排时间，提升家居安全性，并节省各种能源费用。

智能家居让用户以更方便的手段来管理家庭设备。比如，通过触摸屏、手持遥控器、电话、互联网来控制家用设备，更可以执行情景操作，使多个设备形成联动；另一方面，智能家居内的各种设备相互间可以通信，不需要用户指挥也能根据不同的状态互动运行，从而给用户带来最大程度的方便、高效、安全与舒适。智能家居时代标志着物联网技术深入家庭生活。它不仅涵盖手机、平板电脑、各种家电、计算机和私家车，还包括饮食起居、安全、健康、社交，甚至家具等家中几乎所有物品和生活元素，其目标是使家庭生活更加舒适、简便、便捷和愉悦。

「进阶阅读」

智能家居技术的特点

1. 通过家庭网关及其系统软件建立智能家居平台系统

家庭网关是智能家居的核心部分，主要完成家庭内部网络中不同通信协议之间的转换和信息共享以及与外部通信网络之间的数据交换功能，同时还负责家庭智能设备的管理和控制。

2. 平台的集成性和统一性

通过计算机、微电子以及通信等技术，将家庭智能终端的所有功能进行集成，使智能家居建立在一个统一的平台之上。通过该平台不仅可以实现家庭内部网络与外部网络之间的数据交互，还可以识别通过网络传输指令的“合法性”，防止“黑客”的非法入侵。可见，家庭智能终端不仅是家庭信息的交通枢纽，还是智能家居的“保护神”。

3. 可通过外部扩展模块实现与家电的互联

为实现家用电器的集中控制和远程控制功能，智能家居通过智能网关可采用有线或无线的方式，按照特定的通信协议，借助外部扩展模块来实现对家电或照明设备的控制。

4. 嵌入式系统的应用

以往的家庭智能终端绝大多数只是由单片机控制。近年来，随着家用设备新功能的增加和性能要求的提升，将具有网络功能和强大处理能力的嵌入式操作系统应用于家庭设备已经成为智能家居的标配。

二、环境监控

环境监控系统是一个综合利用计算机网络技术、数据库技术、通信技术、自动控制技术、新型传感技术等构成的计算机网络，提供一种以计算机技术为基础、基于集中管理监控模式的自动化、智能化和高效率的技术手段，系统监控对象的主要应用是机房动力和环境设备等设备。

1. 告警功能

无论监控系统控制台处于哪个界面，都应实时自动提示报警信息，并显示及打印报警内容。所有报警均应使用可视和可听的声光报警信号。不同级别的报警信号应采用不同的显示颜色和报警声音。紧急告警为红色标识闪烁，重要告警为粉红色标识闪烁，一般告警为黄色标识闪烁。

发生告警时，应由维护人员进行告警确认。如果在规定时间内（根据通信线路情况确定）未确认，那么可根据设定条件自动通过电话或手机等通知相关人员。告警在确认后，声光告警应停止，在发生新告警时，应能再次触发声光告警功能。

具有多地点、多事件的并发告警功能，无丢失告警信息，告警准确率为100%，系统能对不需要做出反应的告警进行屏蔽、过滤。系统能根据需要对各种历史告警的信息进行查询、统计和打印，各种告警信息在任何地方都不能进行更改。

系统不仅具备对监控对象的报警功能，还能进行自我诊断（如系统断电、通信线路中断等），并能直观地显示故障信息，从而具备稳定的自我保护能力。系统具有根据用户的要求方便快捷地进行告警查询和处理的功能。系统告警可以根据不同的需求进行配置，如告警级别、告警屏蔽、告警门限值等。具有电子化闭环派单功能，实现派单、接单、维护、复单、销单的故障全处理过程。

2. 配置管理功能

在系统新建、设备更新或增减时，系统管理员可以利用配置功能进行系统设置，确保配置参数与设备实际情况相符。当系统值班人员或管理人员发生人事变动时，也可以使用配置功能对相关人员进行相应的权限调整。

在系统运行时，系统管理维护人员也可使用系统配置功能，配置监控系统的运行参数，确保监控系统高效、准确地运行。系统管理维护人员也可使用系统配置功能，对设备参数的显示方式、位置、大小、颜色等进行配置，以达到美化界面的效果。

配置管理操作简便、方便且具备良好的扩展性，支持在线配置而不影响系统的正常运行。监控系统具备远程管理功能，可以在中心或远程对现场参数进行配置和修改。系统可以按区域和专业进行配置与显示。

3. 安全管理功能

系统提供多级口令和多级授权，以保证系统的安全性。系统对所有的操作进行记录，以备查询，系统对值班人员的交接班进行管理。监控系统有设备操作记录，设备操作记录包括操作人员工号、被操作设备名称、操作内容、操作时间等。监控系统有操作人员登录及退出时间的记录。

监控系统具备容错功能，不会因用户误操作等原因导致系统出错、退出或死机。它还具有自诊断功能，能够检测自身硬件故障、各级监控之间的通信故障以及软件运行故障，并提供报警提示。

4. 报表管理功能

系统能提供所有设备运行的历史数据、统计资料、交接班日志、派修工单及曲线图的查询、报表、统计、分类、打印等功能，供电源运行维护人员分析研究之用，系统还具备用户自定义报表功能。

系统能够管理被监控设备的相关信息，包括设备的技术指标、价格、出厂日期、运行状态、维护记录以及安装接线图等。它可以收集、显示并记录管辖区内各机房监视点的状态和运行数据，为管理人员提供全面的信息查询服务。机房环境监控系统支持二次开发设计，系统成熟稳定，兼容拓展性强，功能集成度高，操作便捷，适用于银行、税务、政府、海关、广电、通信、电力等网络机房项目。

三、典型应用场景

1. 常用智能家居产品

入户门：入户门配备灯光感应器，当主人回家或客人来访时，灯光会自动开启，方便开锁和按门铃，灯光在一段时间后会自动熄灭。此外，入户门还安装了室内定点监控摄像机，能够记录进出人员的情况，实现 24 小时监控。

大厅：大厅内设置自动照明开关，主人进入灯光自动打开，方便主人行走和操作触摸屏，并延时熄灭；大厅集中控制触摸屏，开启大厅部分灯光；大厅全部灯光系统，直达主卧室的灯光系统；开启宅内背景音乐系统。可设置“回家模式”，完成撤防、开启大厅灯光、开启指定区域背景音乐、开启指定区域空调、采暖。可设置“离家模式”按键，完成安防设防，关闭全宅灯光、空调、地暖、背景音乐等。可设置全宅灯光的全开或全关，也可设置迎客模式键，大厅和起居室的灯光全部打开，喜迎客人，当主人进入衣帽间或洗手间，灯光自动打开，延时并于离开后熄灭。

2. 自动车库识别

主人开车到达车库门时，按动车库门遥控开关，车库门自动打开，车辆进入后，主人下车，灯光自动打开，并延时等主人离开车库后熄灭。

从车库进入室内的门口设置情景面板，可启动“夜间回家模式”（联动撤防、启动指定区域空调 / 采暖系统，同时打开大厅或起居室等指定区域的灯光，或者一键启动门口到主卧室沿途的灯光照明）；当离家时，在进入车库前一键启动“离家模式”（联动设防、关闭指定区域空调 / 采暖系统、灯光系统、音视频电源系统、窗帘系统、泳池设备等子系统）；主人进入室内后，走廊灯光自动打开，穿过走廊后，灯光自动熄灭。

3. 餐厅及公共区域情景模式

主人进入家庭间经过客厅时，通过设置灯光感应器，实现人来灯开，人走灯灭。家庭间和餐厅之间，设置情景面板，方便主人进入时开启灯光，同时可设置多种场景（如灯光明暗组合，音频设备之间的组合，实现看电视、休息、聊天、就餐等模式，需根据主人的生活习惯进行后期设计）。在家庭的茶几上放置无线触摸屏，可以控制整个住宅指定区域内的灯光、空调 / 供暖系统、音视频系统和泳池设备等。通过设置智能背景音乐面板，可以开启或关闭背景音乐，在选择曲目和新闻广播的同时，还能提供呼叫家庭成员或保姆等服务。

4. 安防环境监控应用

在每个与室外接触的窗户处安装红外感应探测器，当有人非法入侵时，系统会立刻以鸣笛、拨打预设电话的方式进行报警。院落的 4 个拐角架设 4 台摄像机，实时监控，记录院内的情况，如厨房煤气泄漏报警、烟雾报警等。

具体应用场景：仓库及数据机房（漏水、配电、温湿度、烟感、门禁、UPS、空调、电源等）；配电机房（UPS、电流、电压、开关状态、发电机、蓄电池、电源、烟感等监测等）；仓库环境（如粮食、烟草、医药、化工、食品等，主要为温湿度、气体含量、水质、酸碱度等）；管网节点（煤气、石油管道、铁路、隧道环境等）；以及企业车间、商场等重要区域环境、消防等的监测。

自云创大数据推出的燃气报警云平台投入应用以来，已在南京市秦淮区快速部署。在该区的 12 个街道和 3 个管委会的小型餐饮场所，均安装了燃气报警器，用于实时监测燃气使用情况，并将数据上传至云平台进行分析处理。目前，该燃气报警云平台已在 3836 家商户或饭店中应用，累计报警次数达到 15 974 次，成功预防了多起可能引发人员伤亡和财产损失的燃气事故。

在燃气预警之外，云创大数据与南京市秦淮区环保局通力合作，利用新型前端监测设备、大数据可视化平台、人工智能分析技术，于 2018 年 10 月率先在秦淮区建设落成空气质量网格化监测系统。根据整个秦淮区近 50 平方千米的面积，系统以 1 × 1 平方千米为网格，结合重点区域密集布点，总共安装了 53 个微型空气监测站。同时平台也接入瑞金路国控点和14个智慧工地的数据，结合平台Web端与手机App，对区域环境进行实时动态监控。

任务六 智慧教育

任务描述

在一次朋友聚会上，李老师偶然听到一位同事提到人工智能（AI）可以应用在教学中，这让他感到既惊讶又好奇。作为一名有着多年教学经验的老师，李老师一直在寻找更高效、更个性化的教学方法，但对人工智能在教学中的应用却知之甚少。于是，李老师决定深入了解人工智能在教育领域的应用。

任务分析

探究人工智能在教育领域的应用应重点了解人工智能在教学中的具体应用案例，比如智能辅导系统、个性化学习推荐、智能评估等，以及这些应用如何提升教学效果和学习体验。还应掌握一些人工智能工具或平台的操作方法和使用技巧，以便能够在实际教学中灵活运用。

任务实施

一、智能教育的发展现状

近年来，深度学习技术的蓬勃发展促使机器的智能化程度不断提高，引发了人们对“机器取代人类”这一现象的深入思考。部分人甚至担忧，未来机器若完全取代人类，人类可能会沦为落后的物种，最终被智能机器人所替代。

当人们讨论哪个行业的从业者会被人工智能取代的时候，通常认为教师是较难被人工智能取代的职业之一。教育即教书育人，它不仅仅是传授知识，更为重要的是育人。所谓“十年树木，百年树人”，育人也是教育最难的部分。中国的教育讲究言传身教，而且每个人有每个人的特质，这些特质无所谓好坏，用在合适的地方就是优点，用在不合适的地方就是缺点。

人类的特质与其生活经历紧密相连，尽管机器能够模仿人类的声音和动作，却难以复制人类的经历。从现状来看，培养人才的工作是人工智能难以取代的。人工智能与教育的融合可以在知识传授方面发挥一定的作用。

目前，将人工智能与教育结合的主要是一些私立的教育机构，其中真正有技术含量的智能教育并不多。中小学及高等院校的教育中采用人工智能的也并不多见，其原因有很多。其一，人工智能在很多方面还不成熟，对软硬件的要求相对较高，应用周期也较长，入门门槛高；其二，人工智能兴起时间尚短，相关人才的培养不到位导致人才不足，教育界在与企业争夺人工智能方面的人才时竞争力不足，进入学校任教的相关人才少之又少；其三，学校教育体制有局限，目前的教学改革大多是自上而下的——教育部提出改革方案，形成文件，然后由学校教师学习文件后实施教学改革，普通教师如果提出教学改革，需要教研室、教务处等学校相关管理部门层层审批，加之教学大纲、教材等因素的限制，实施难度非常大。

学校的教学改革在近几年经常被提及，经过多年的变革，教学手段有了一些变化，如板书变成了投影，融入一些可视化的内容，计算机辅助教师阅卷并帮助学校管理学生。其间也提出了一些教学模式的变革，如翻转课堂、微课、慕课等较为新颖的教学模式，但是没有哪种模式是十全十美的，这些模式能解决一些问题，但又会导致新问题的出现。

传统的教学方式经过多年的发展，已经形成了较为成熟的体系，因此学校在面对新兴教学模式时，大多持谨慎态度，尚未全面推广。目前，人工智能主要被应用于替代教师处理烦琐的重复性任务，例如协助教师批改试卷、分析和统计学生在各个学习阶段的数据，并据此提出后续工作建议。此外，它还能根据每个学生的学习状况和特点，分别推荐个性化的练习题和复习方案。

2017 年，我国研发的高考机器人参加了当年的数学高考，输入试卷电子版后，机器人在 10 分钟内完成答题，得到 134 分。该研究项目为国家“863”计划中的“超脑计划”项目。该目标计划每个学生都可以有一名“学霸”伴读，其能随时随地帮助学生解答学习中遇到的各种问题。

人工智能在考试方面有较多的应用成果。早在 2009 年，江苏省就采用人机对话方式进行初中英语听力考试，随后的几年，北京、广州、沈阳、重庆、宁波、长沙等地先后在英语考试中不同程度地采用了人机对话的考试方式。2017 年 1 月起，上海高三学生的外语考试听说测试部分全部采用人机对话方式，评分采用机器评分与阅卷教师评分相结合的方法，成绩计入高考总成绩。

2017 年湖北襄阳的中考试卷评阅工作中除了有阅卷教师，还有机器人参与（这里提到的机器人是指智能评卷系统）。这是教育部考试中心和科大讯飞成立的联合实验室的研究成果。该项技术已经在全国多个省份通过多次、多范围的试点验证，不仅可以对客观题、主观题进行评阅，而且可以检测出评阅教师异常给分、雷同试卷、作文疑似抄袭等情况，其评阅效果得到了认可。该成果除了可在考试中使用，也可用于日常教学。

二、智能教育的应用

随着人工智能的发展，人类在社会经济中的位置会不断变化。北京师范大学何克抗教授在《当代教育技术的研究内容与发展趋势》中提到，当代教育技术的五大发展趋势之一就是“愈来愈重视人工智能在教育中应用的研究”。人工智能对于弥补当前教育存在的种种缺陷和不足，推动教育发展改革和教学现代化进程起着越来越重要的作用。技术改变了教育，人工智能促进了教育的发展。要让我们的下一代适应时代变化并在其中游刃有余，教育就必须跟上科技的发展，甚至需要比科技的进步更超前。毕竟，教育的效果是滞后的，孩子们学到的东西要在几年甚至十几年之后才能真正用到。

最近十几年来，人工智能的发展也促进了人们对教育改革的思考。教育科技领域在一大批创业者的推动下，正在经历着巨大的进步。这些创业人士坚信，人工智能并非用于取代人类。他们从多元视角将人工智能融入教育领域，推动教育革新，让孩子们所接受的教育不仅更具人性化和趣味性，还能紧密结合科技发展，实现个性化教育。这有助于孩子们为未来社会的独特角色做好准备。

目前，人工智能及其相关技术在教育领域的应用主要有五个方面：自适应学习系统、虚拟导师、教育机器人、基于编程和机器人的科技教育、基于虚拟现实／增强现实的场景式教育。

1. 自适应学习系统

每一个人，无论是孩子还是成年人，都有独特的思维方式和学习方式。自适应学习因人而异。例如，有的人喜欢听别人讲述或者和其他人讨论，有的人则喜欢自己默默地读书。再如，有的人喜欢用逻辑和数字来解释现象，有的人则习惯用文字和故事来阐释。用适合自己的方式学习，不仅效率会很高，而且会使学习者保持长时间的兴趣。反之，学习者则会学得很慢，甚至产生对学习的厌倦和抵触。同时，每个人学习不同的知识和技能的节奏也不同，一旦打破了自然的节奏，学习就会变得枯燥或难以消化。

在学校的几十人课堂中，教师通常只能采用统一的教学方法和进度。传统课堂教学难以适应每个孩子的独特学习方式和节奏。近年来，一些创业公司开发了基于人工智能的自适应学习系统，为学校和教师提供个性化教学支持，同时帮助学生提升学习效率，激发学习热情。

什么是自适应学习系统？简单地说，自适应学习系统就是通过收集和分析学生的学习数据，用人工智能逐渐总结出每个学生的学习方式和特点，然后自动调整教学内容、方式和节奏，使每个学生都能得到最适合自己的教育。随着时间的推移，数据逐渐积累增多，人工智能也就更“聪明”，对学生学习的适应也就更精准，从而使学生的学习效率越来越高，效果越来越好，学生的信心也随之增强，这样便形成良性循环。

位于美国和澳大利亚的 Smart Sparrow 公司自 2011 年成立以来，就致力于为学校和教师开发自适应教学的工具，其产品是一个集课程设计、在线学习、实时反馈、自适应学习、大数据分析、在线合作学习、智能辅导等功能于一体的平台。

教师能够借助平台的工具及内容资源来构建课程。在教学的各个阶段，都可以融入与学生的互动环节，引导学生通过完成课程中的“任务”来巩固知识。通过这些互动，系统能够实时收集学生的学习数据，监测学习进度，识别学习中的障碍和难题，并据此提供即时反馈和针对性强化。例如，系统在一些互动练习中发现一名学生对概念 A

和概念 B 有些混淆，于是立即跳出讲解概念的页面，并指出学生可能没有理解的要点。学生表示理解后，系统会给出更多不同形式的互动帮助其强化理解，直至其完全理解为止。同时，教师也可以随时观察学生的学习轨迹，调整学习进度。对于学得快的学生，教师可以加入更深的学习内容，或者加快其学习进度；对于有困难的学生，教师可以给予特别辅导，并适当调整学习内容，让学生不会感到力不从心。

该平台不仅助力教师轻松开展个性化教学，还借助实时数据和自动化分析功能，为教师提供丰富信息，显著增强对每个学生的认知。此外，平台能够引导教师持续优化教学内容，依据班级整体特征及个体学生情况，制定更精准的教学计划，提升教学的针对性，同时节省大量宝贵时间。

开发类似的自适应学习系统的公司还有很多家，每家切入的角度略有不同，但目的都是一致的：让教育更高效、更有趣、更个性化。针对年龄偏小的孩子，一些公司还在自适应学习系统中加入游戏元素，让原本枯燥的学习变得好玩。美国的 Dream Box Learning 公司就是从小学数学课程的游戏化切入，设计了一个在游戏中学数学的平台。这个平台根据学生在游戏中的互动及练习中的表现，逐渐推进学生的学习，根据学生的进度调整学习和练习内容，使学生不知不觉中就学习了所在年级要求掌握的所有数学课程。

2. 虚拟导师

课外一对一辅导在很多国家都是一个不小的市场。由于没有时间和精力辅导孩子在学校之外的学习，越来越多的父母不得不请家教或者将孩子送到一对一辅导学校去。但是这些一对一的真人辅导价格昂贵，同时由于个人差异，找到最适合孩子的教师也不是一件容易的事情。最近几年，一些创业者开始尝试为学生提供虚拟导师，利用人工智能辅导孩子学习。

伦敦的 Whizz Education 公司的产品“Maths Whizz”就是一款在线辅导数学的软件。公司设计了一套和学校进度相吻合的课后学习课程，学生可以在学习的过程中随时提出问题，虚拟导师会为学生一步一步解答，并且根据学生的反馈调整解答方式，直到学生掌握为止。同时，系统的家长端向家长提供实时汇报，使他们能够随时掌握孩子的学习情况，了解孩子是否跟得上学校的进度、有哪些困难等，同时还可以通过在线互动的方式鼓励甚至奖励孩子，使家长对孩子的监督也变得有趣。

虚拟导师本质上是一种自适应学习工具，主要专注于学生的课后自主学习和答疑环节，而非课堂教学本身。国内部分高校已经开始对虚拟导师系统展开研究与开发，其在教学领域的价值不容小觑。不过，这一领域目前仍处于起步阶段，其未来发展高度依赖于一些关键技术的进步，例如语音语义识别技术，以及数据采集与分析能力的提升。尽管虚拟导师在短期内可能无法完全取代真人辅导，但它有望在未来几年内在课后辅导领域逐步占据重要地位。

3. 教育机器人

让机器人充当教育者的角色直接和孩子交流，已经不只存在于科幻小说中了。目前，一些新兴的公司正在开发可以成为孩子的老师和朋友的机器人。位于纽约的 Cogni Toys 公司在 2015 年推出了一款叫“Dino”的机器人，其可以直接和孩子对话。这个机器人在听到孩子的问题后，可以自动连接网络寻找答案，并且通过和孩子的交流逐渐学习和了解孩子的情绪和个性。机器人和孩子交流得越多，对孩子的了解就越深，和孩子的对话也就越个性化，越贴近孩子的喜好。当然，这些对话都是被严格监控的，以避免出现误导孩子的情况。

当下，这款机器人能够顺畅交流的内容范围还较为有限。然而，其背后始终有一个专业的团队持续进行升级和优化。相信随着时间的推移，它会变得更加贴近人类的需求，真正成为孩子们的好老师和好朋友。

4. 基于编程和机器人的科技教育

随着时代的发展，计算机编程、算法设计、机器人设计等科技方面的教育变得越来越重要。一些人甚至宣称不久的将来不会编程就等于文盲。但是，目前主流的学校教育并没有对这类科技教育引起足够重视，一些国家的学校课程体系中甚至完全没有计算机编程类的课程。

既然编程这么重要，而且会越来越重要，这方面的教育就要从娃娃抓起，越早越好。

一家位于伦敦的年轻公司 Primo Toys 就决定面向 3 岁的幼儿进行编程教育。他们设计了一款名叫“Cubetto”的木制机器人。这款集教育和娱乐于一体的玩具带有一个模块拼板、一些地图、一本故事书和一些代表不同指令的木制模块。孩子根据故事书中的描述，通过在拼板上组合木制模块来控制机器人，使其在地图上游历故事中描述的不同地方。孩子自己动手“创造”机器人在故事中的旅行，在游戏中学会了动手，并且接受了编程启蒙教育。

加拿大的 EZ-Robot 公司把注意力放在大孩子甚至成人对机器人的兴趣上。其出售的机器人产品高度模块化，并且配有详细的教程。无论是学校教师还是校外教育机构，甚至是学生自己，都可以用该产品学习编程和机器人设计。即使是完全没有编程基础的人，也可以使用产品配套的可视化操作系统来设计自己想要的机器人。

5. 基于虚拟现实 / 增强现实的场景式教育

将虚拟现实（VR）与增强现实（AR）技术融入教育领域，其潜力巨大且优势明显。通过场景化教学，能够有效激发孩子的学习兴趣和热情。教育的场景不再仅限于传统的教室、白板和 PPT，而是拓展到整个宇宙。众多公司，包括互联网巨头谷歌和 Facebook，都在投入大量资源探索如何将 VR/AR 技术应用于教育。

爱尔兰的 Immersive VR Education 公司是一家专注于开发 VR/AR 教学内容的公司。其有一款产品名为“阿波罗 11 号 VR”，用户只要戴上 VR 眼镜，就可以“亲身”体验阿波罗 11 号登月的整个过程。这样的学习经历一定比教师在课堂上苦口婆心说几个小时的效果要好得多。

Alchemy VR 公司为了将 VR 场景做得尽可能逼真，选择和三星、谷歌、索尼、BBC

（英国广播公司）、英国国家自然博物馆、澳大利亚悉尼博物馆等多家机构合作制作 VR 教学内容。这家公司制作的“大堡礁之旅”就是和 BBC 纪录片团队合作的产物，其让全世界各地的学生都有机会潜入澳大利亚湛蓝的海水中学习珊瑚礁的生态环境知识。

「进阶阅读」

VR 智能实验室

VR 智能实验室是由百度研发的一款智慧教育产品，它可以为学校搭建用于教学和科研的 VR 场景，同时可以为学校培养一站式“复合型”人才提供培养方案。

在教学方面，VR 智能实验室提供了全新的教学辅导工具和教学方式，且可还原经典理论模型，实现教学创新，助力教育信息化。在高校科研方面，VR 智能实验室提供了全新的实验场景搭建方法和数据采集方法，可用于需要进行情景还原、变量控制和数据采集等操作的科学研究。

相较于传统的实验室，VR 智能实验室具有如下优势：

（1）实验室利用率高。该 VR 智能实验室能够打破技术、平台、设备的瓶颈，为各学科提供联合实验场所，促进专业间的相互沟通协作，实现通用高校实验室。

（2）可以配置场景内容。该 VR 智能实验室可以提供灵活且自由配置的实验场景，打破固定场景的限制，更加符合教学和科研需求。

（3）积累真实教学数据。VR 智能实验室能够为学院构建自有的真实教学数据积累平台，可以长期有效地积累数据，形成特色数字资产，为学院的长期发展提供有力支撑。

（4）获得可靠的实验数据。VR 智能实验室便于获得可靠的实验数据。可靠的实验数据不仅为教师的学术理论研究和教学效果评估提供有效的支撑，还有利于提升教师的科研水平，促进科研成果的产出。

（5）配备专业眼动仪设备。VR 智能实验室配备的专业眼动仪设备可以自动检测、上报、采集眼动和点击选择数据，形成用于分析的数据报表，增加实用性和研究性。

（6）灵活可携带。VR 智能实验室对场地要求低，不仅可以在教室和实验室使用，还可以外出携带使用，可随时随地进行实验操作。

（资料来源：何泽奇，韩芳，曾辉 . 人工智能［M］. 北京：航空工业出版社，2021.）

三、智能教育发展的问题、机遇与趋势

1. 教育领域当前面临的问题

教育随着时代的变迁也在不断变革，一些老的问题解决了，新的问题又出现了。随着网络和人工智能的发展，教育手段也丰富了起来，除了传统的人与人面对面的教育方式，还有目前较为火热的网络教育和处在萌芽阶段的智能教育。但即使在教育手段如此

丰富的今天，教育也还是存在许多问题。

（1）教育公平问题。目前的教育主要分为两大块：学校教育和培训机构教育。学校大多以传统的面对面教学为主，而培训机构的教育方式则更为多样，不仅有面对面授课，还广泛运用网络教学，师生通过网络完成教学、答疑等环节。智能教育目前仍处于起步阶段，主要用于辅助教师完成部分管理工作，整体成熟度较低，应用范围也较为有限。

学校教育的一个重要目标是使学生通过高考。高考是选拔类的考试，前些年有很多学校利用课外时间进行补课，延长学生学习时间以提高学生的考试成绩。近几年，教育部发出严禁在编教师参与任何形式的有偿补课的规定，但是学生补习的需求并没有减少，因此许多培训机构犹如雨后春笋般发展起来。当然，并不是所有的培训机构都服务于高考，也有许多是以培养学生兴趣爱好为主的。这些培训机构是学校教育的一个补充。培训机构的教育水平参差不齐，收费也有高有低。家长为了让孩子得到更好的教育，想尽一切办法让孩子进入好的学校，找名师培训、辅导。培训机构是市场化运作的，一些较为出名的培训机构的课程价格不菲，工薪家庭较难承受。学校教育由国家统一管理，但各校的教学成果存在差异。家长们普遍期望子女能进入教学质量较高的学校，然而学校的招生名额有限。因此，部分学校曾尝试通过各种方式筛选学生，最初采用考试选拔的方式。后来，在教育部的统一规划下，义务教育阶段的中小学生开始实行免试就近入学政策。尽管如此，不同学校之间的教学差异依然存在，教育公平问题仍未得到彻底解决。

（2）理论与实践脱节。高考是一个以笔试为主的考试，因此中学教育一切向成绩看齐，变成了应试教育。随着时代的发展，学生的视野和认知能力不断提升，以往的考试题目已难以有效区分学生的水平，因此高考题目的难度和灵活性也在不断增加。高校教育并非单纯的应试教育，其理论与实践的结合程度比中小学更好，但仍存在一定的脱节现象。

出现这种情况的原因是多方面的，主要是教育体制和教材的问题，两者都普遍偏重理论。实践环节不如理论教学便于管理，也难以约束和考核教师，且需要大量的设备，有些设备还面临大量耗材和更新换代的问题。另外，许多教师也是一路由学校培养出来的，出了校门进校门，同样缺乏实践经验。企业中当然不乏有实践经验的人才，但其理论知识水平和学历层次不一定能够达到学校的要求，而那些有经验、懂理论、有学历的人才以学校的薪资条件却较难争取到。目前，针对大学生的各类竞赛很多，高校也会从企业请人到学校做讲座，可以在一定程度上增加学生的实践经验，但参与竞赛有一定的门槛，讲座的数量和时间也有限，并不能从根本上解决问题。

（3）终身教育问题。人们必须持续学习，一方面是因为人类社会的发展使得知识领域不断拓展，知识总量也在快速增加；另一方面，随着时代的变迁，旧事物不断被淘汰，新事物不断涌现，甚至连基本的生活技能也在悄然改变。比较典型的是网络消费的兴起，其已经打破了传统零售业的模式，支付方式也随着微信、支付宝等的兴起发生了改变。例如有些老人已经学会了网络购物和手机支付，有些则表示自己学不会。像这种关于生活技能的教育也很难由学校和培训机构来完成。

2. 智能教育的发展机遇

随着深度学习的兴起，人工智能开始受到越来越多的关注。目前，深度学习在文字、图像、视频的识别和理解方面取得了不错的成果，无人驾驶汽车也已经开始进入人们的生活，各行各业都不同程度地依靠人工智能获得发展。尽管人工智能在教育领域已取得一些进展，但仍有很大的发展空间。智能教育的未来发展充满机遇，谁能率先将人工智能融入教育，谁就能在未来的教育赛道上占据优势，赢得领先地位。对于教育领域当前面临的问题，人工智能可以结合其他教育手段给予一定程度的解决。

（1）利用网络和人工智能，分析并模拟优秀教师的讲解方法，记录和分析每个学生的学习习惯和对知识的掌握程度，定制个性化的学习方案，帮助学生完成学业，缩小教学的差异。

（2）用现有的 AR、VR 技术模拟实践场景，让学生利用自己所学的理论知识在模拟的场景中进行实践操作。学生可以在指定的地点完成大多数的实践操作环节，减少了大量材料损耗，解决了大量贵重设备的购买和更新换代问题。人工智能虽然对硬件设备有要求，但是更主要的更新是在算法上的，购买设备往往只是一次性投资。

（3）人工智能技术中的语音语义识别技术逐步地应用于人们的生活中。科大讯飞的语音识别技术的识别率已经能满足日常对话的需要，除了普通话和英语，还可以对我国部分地区的方言进行识别。现在很多智能手机都内置了语音对话系统，很多操作都可以通过语音来完成。相信在不久的将来，学生可以有一个无所不知的学习伴侣，学习中遇到的问题都可以由智能设备来解答。

（4）人工智能能够承担教师的部分记录与评价任务，例如统计学生的出勤情况、记录并分析学生的学习表现。它还能协助教师合理规划教学进度，并针对学生普遍存在的薄弱环节提供针对性的教学建议，从而让教师能够将更多时间和精力专注于学生本身。

（5）教学软件能够为学生创造个性化的学习环境，可以根据学生的问题推荐定制的学习计划并给出合适的练习题帮助其巩固和提高，还可以随时随地回答学生的问题，帮助和启迪学生探索未知的领域。

（6）不同阶段、不同需求的学习者对同一门学科往往只需要掌握不同部分内容，面面俱到的学习会浪费大量的精力。人工智能可以根据需求定制符合学习者需求的学习材料。

（7）学校资源有限，而人工智能可以通过对资源使用情况的统计与分析，为师生推荐合理使用资源的时间和地点，避免资源使用中的冲突和浪费，从而实现有限资源的最大化利用。

3. 智能教育的发展趋势

人工智能的发展为人们的生活带来了诸多便利，然而也对人们的知识水平提出了更高的要求。从计算机的广泛使用到智能手机的普及，人工智能为人类做出了巨大贡献，助力人类完成了许多曾经难以想象的任务。尽管如此，许多关键事务仍需人类亲自进行决策和操控。人工智能代替教师的可能性相当小。教学应该还是以教师为主导，网络和人工智能只起到辅助的作用。

随着智能化程度的提高，教师的日常教学工作会减少很多，上课点名、作业批改、考试阅卷等重复烦琐的工作将会由机器来完成，甚至辅导答疑也可由机器来进行。教师更多地承担专业的指导者的角色，当机器的智能不能解决问题的时候由教师来解决。这样教师可以从繁重的低智能工作中脱离出来，从而把更多的精力倾注于探索知识、研究教育。学生在个性化的人工智能的帮助下，可以更好地了解自己的才能，更高效地学习。

「进阶阅读」

人工智能教育平台与库文件举例

1. 百度 AI 开放平台

百度 AI 开放平台上有诸多的 API 可供学习者部署和使用，该平台由开放能力、开发平台、文心大模型、行业应用、客户案例、生态合作、AI 市场、开发与教学八部分组成，让用户快速地了解自己需求的同时，也给出如何完成的相关功能。开发平台有完整的使用教程、模型库、应用案例等，其中的教程为用户提供了一个学习通道，解决用户开发过程中一些技术问题。

2. 百度飞桨平台

百度飞桨平台是一款产业级人工智能深度学习平台，英文名为 Paddle Paddle，简称为 PP 飞桨。该平台将高精尖的人工智能 API 封装为一个个组件，用户实现某个功能时就像搭积木一样，将多个 API 拼接到一个项目文件中，就可以简单高效地完成用户的需求。

3. 人工智能代码库文件

目前在人工智能领域内应用最多的编程语言之一为 Python，有很多国内外的学者和研发人员开发了多个人工智能库用于人工智能相关功能的实现，如 Pandas、TensorFlow 以及 NumPy 库文件等。机器学习主要用到 Pandas 和 NumPy 库文件，这两个库文件主要用于数据的处理、挖掘及预测，有时也用于相关的模型评测。TensorFlow 为神经网络中经常用到的 Python 库文件，用户使用时只需要调用这些库文件就可以。

（资料来源：薛耀锋 . 教育装备基础与实践［M］. 上海：上海交通大学出版社，2023.）

四、典型应用场景

人工智能在教育领域的应用目前已经取得了一定的成果。

1. 人工智能英语口语学习

目前，国内人工智能在教育领域应用得较好的一款产品是英语口语学习应用——英语流利说。英语流利说是一款面向个人和企业用户，运用人工智能进行个性化、碎片化、陪伴式教学的移动英语学习软件，由王翌、胡哲人、林晖在 2012 年 9 月共同创立。其公司拥有一支特殊的人工智能科学家团队，致力于用人工智能技术和大数据提升学习效率，实现教育的个性化和公平性。英语流利说拥有庞大的中国人英语语音数据库和英语口语评测引擎，以及活跃的语言学习社区。2016 年 7 月，推出人工智能老师“懂你英语”，为每个用户提供个性化的学习内容和计划，被业界称为是一次语言学习的革命。

英语流利说的产品设计乃至运营体系都是紧紧围绕用户画像来做解决方案的。如何为用户提供英语学习的语境？如何在产品层面确立一个好的机制，让尽量多的用户坚持下去？如何针对核心用户，设计符合他们特点的产品？这是人工智能在英语口语学习领域必须解决的三个核心问题。英语流利说是这么解决的：在人工智能教学中，无论用户评价好坏，系统都会提供反馈，营造良好的听说读学习环境。明确的反馈机制使得系统能够对用户朗读的每一句英语进行打分，并通过绿色、黑色、红色三种颜色标注每个单词的发音情况。人工智能教学积累了丰富的学习数据，最终以可视化方式呈现，让用户随时了解自己的学习进展。此外，通过设立班级群，组织语伴小组相互激励，并配备班主任指导，增强学习氛围。针对用户时间碎片化的特点，推出移动课堂，方便用户随时随地学习。同时，考虑到用户对价格的敏感性，利用人工智能教学降低学习成本。

2. 人工智能批改试卷

人工智能批改试卷目前较多地应用于英语听说考试。如果英语听说考试全部由人工评分的话，工作量非常大。科大讯飞做过一个试验，请了 10 位资深的评分专家对同样的一段语音进行打分，然后取平均分，同时再由人工智能及普通评分员对这段语音进行打分。试验结果显示，人工智能的打分与专家的打分更接近，这说明人工智能在这方面的能力已经超过了普通评分员。另外，人工智能不仅可以评分，还可以把读得不好的地方指出来。

人工智能评分不仅速度快，还能做到公平公正。人类在处理繁重任务时容易疲劳，难以保持始终如一的评判标准，而机器则不存在这种问题。因此，人工智能能够使教育评价更加公平且高效。

研究人员正在试验用人工智能来批改论文。这个系统就像人类的大脑一样，通过上下文来感知一般的逻辑，然后将其与单词的实际含义联系起来。在理想的情况下，这个系统可以模拟大脑，通过浏览标题来把握故事的方向，然后从其他文字中吸取精华。该系统可以在评价论文质量的同时进行类人判断，然后对论文进行评分，并对学习者需要改进的地方进行总结。这些建议可能指向句子结构、写作方法等。

这一过程是如何实现的呢？实际上是始于最初的纸质试卷。扫描仪将试卷转化为计算机中的一张图像，随后识别图像中的文字并将其转换为文本。之后由教师进行评分，并将这些评分信息录入计算机。计算机通过分析海量数据（达到数千万级别），学习人类教师的评分习惯和标准，最终掌握了自主批改作文的能力。

2018 年 1 月，浙江外国语学院国际学院来自俄罗斯、韩国、赞比亚等 6 个国家的 11 位留学生完成了一份特别的中文试卷，阅卷教师为来自阿里巴巴的人工智能系统。在这批试卷上，人工智能用代表不同意义的符号精确地指出留学生们的多词、缺词、错词、词序错误等问题，完成了对作文的批改。据悉，这在全球范围内首次将人工智能用于批改外国学生撰写的中文试卷。对于人类教师而言，面对大量试卷时，批改每篇作文的时间往往受限。而人工智能批改作文的准确率和细致程度不仅接近人类水平，甚至在某些方面还实现了超越。

在一份浙江外国语学院教师提供的试卷中，在“请写一写你的爱好”的命题作文下，一位留学生写道：“中文的难点并非是字，而是像女朋友一样善变。我是不会放弃的，除非中国人也放弃我才会放弃。”对于这两句话，某汉语系教授表示：“我教了 14 年的中文，不认真看还真没看出问题。但事实证明，这两句话都是病句，存在杂糅和重复的错误。”人工智能学习了中文语言体系，通过扫描仪读取试卷信息，使用 OCR 技术将其转换成文本，之后启动自然语言处理算法进行分析，并识别出错误类型和位置，最后批注在试卷上。整个过程秒级实现。

科技能使生活更加便捷，也能让工作更高效，但冰冷且缺乏人格的机器很难唤起人们的情感共鸣。在使用人工智能教师的过程中，许多学生往往会对它的批改意见视而不见，然而如果意见是由人类教师提出的，他们则更愿意去修改。

如果想要以一种巧妙的适应学生水平的方法去传授一系列核心知识，想要同时为数百万学生服务，可以通过应用人工智能实现。但是如果想要更深入地教授经验，必须要有一个有思想、有明确价值观的人类教师存在。此外，人类教师能够精准把握、了解、洞察学生的成长需要与个性特质，及时给予细致入微的个性化关怀、呵护、尊重，可以让学生感受到人性的温度、生命的温暖和爱的力量，进而学会相互传递温暖和爱。

3. 人工智能在课堂教学中的应用

学校教育的中心环节是课堂教学，如何将人工智能融入日常的课堂教学中是智能教育研究的重点。上海大学和上海工程技术大学正在尝试使用利用网络资源和学生的手机终端形成大数据并开展教学活动的 iClass 教学平台，进行科技创新与管理、数字电视技术、C++ 程序设计、数字图像处理等多门课程的日常教学。iClass 寓意为智能课堂，致力于打造一个智能且全面的师生互动平台。教师通过 PC 端开展教学活动，学生在手机端参与并反馈，师生数据经由云端服务器实现互联互通。

iClass 教学平台已开发的功能包括签到、课堂互动答题、课堂测试、弹幕教学、资料分享、学生讨论、学生留言等，根据日常教学中师生给出的意见和建议，还有很多功能在不断研究开发中。

上课前，学生通过微信登录班级并完成签到。在课程中，教师对知识点进行串讲，同时使用 iClass 教学平台提出与该知识点相关的问题，问题可以是选择题、判断题、简答题等形式，学生通过手机端将答案实时发送到教师端，平台现场统计出结果，教师根据反馈实时调整讲解进度。

在讨论环节，学生遇到的问题可以借助手机端发送给教师端。教师会根据学生回答问题、参与讨论以及提出问题的情况，把问题或答案以弹幕形式展示出来。当这些原本多用于网络娱乐的功能融入课堂教学时，学生对课堂的认同感和参与感显著提升，发言的积极性也变得更高。当有趣的问题出现在屏幕上时，课堂上发出阵阵的笑声，学生还会和身旁的同学进行交流，也会从别人的问题中受到启发。教师也可根据学生的问题随时了解学生个性化的需求并及时解决。对于普遍存在的问题，教师可以有针对性地进行讲解，并调整教学策略。

课后，学生在完成作业、复习或预习的过程中，遇到问题可以随时登录 iClass 教学平台进行提问，教师和其他同学都可以对其所提问题进行讨论。平台将学生参与课堂、课后的教学活动得到的分数进行统计并发布，使学生随时可以看到自己的进步与不足，以辅助学生制订之后的学习计划。同时，根据答题速度的快慢、答题的正确程度，iClass 教学平台会授予前三名奖牌，学期结束后，教师可以统计每位学生的奖牌数，给予适当的奖励。

平台为学生每次回答问题或提出问题都赋予相应积分，以此激发他们的参与热情，这些积分还会对期末成绩产生影响。同时，教师可以通过后台及时掌握学生对教学内容的满意度和理解程度，从而优化教学质量，打造“永不落幕的课堂”。

iClass 教学平台的加入使课堂气氛变得活跃，学生的学习态度更加积极，为学生参与教学活动程度不够、教学效果不理想等问题提供了一个很好的解决办法。它构建了以网络为平台，以人工智能为辅助，以大数据为后盾，以问题为导向，引导学生自主学习，强调师生交流的教学框架，通过教师的准确引导及师生间的交流，使学生掌握知识更全面，理解概念更深刻，极大地提高了课堂教学效果。教师对学生课堂及课后的学习情况掌握得更加全面，并且通过 iClass 教学平台的帮助，减少了一些重复性的工作，提高了工作效率。iClass 教学平台受到了参与平台使用的师生的好评。

当下，iClass 教学平台已初见成效，然而随着时代的发展和技术的更新，平台的功能仍需持续优化，教学流程与平台的结合还需在教师的实际教学中不断磨合。教学改革也应在促进师生互动、强化学生自主学习等方面持续改进。随着 iClass 教学平台功能的拓展及进一步推广，将来学生在学校得到的不仅仅是一份成绩单，而是反映整个学习过程的一份大数据。

任务七　智能农业

任务描述

小张是一名农业专业的大学生，最近在新闻中看到人工智能技术被广泛应用到农业领域，这让他感到非常新奇。他一直对如何用科技推动农业现代化充满兴趣，于是决定深入了解人工智能在农业中的具体应用。

任务分析

小张可以从以下几个方面了解人工智能在农业中的应用：首先，小张可以查阅相关的学术论文、研究报告和新闻报道，了解人工智能技术在农业领域的发展现状和趋势。其次，小张可以关注国内外在农业人工智能领域的知名企业和研究机构，了解它们正在进行的项目和取得的成果。通过关注这些机构的研究方向和应用案例，小张可以更加深入地了解人工智能在农业中的具体应用。此外，小张还可以参加相关的学术会议、研讨会和培训课程，与专业人士交流学习。这些活动不仅可以提供最新的行业资讯和技术动态，还可以让小张有机会与同行建立联系，拓宽视野。最后，小张可以尝试在实验室或实习岗位上实践人工智能农业应用。通过实际操作，他可以更直观地了解人工智能技术的优势和局限性，并积累宝贵的实践经验。

任务实施

一、智能农业的发展

自人工智能诞生以来，其理论与技术不断走向成熟，应用领域也在持续拓展，其中农业是重要的应用方向之一。人工智能技术攻克了众多农业科技难题，打破了传统农业落后的固有印象，为农业赋予了新的内涵。人工智能技术贯穿农业生产的产前、产中、产后，以其独特的技术优势提升农业生产技术水平，实现智能化的动态管理，减轻农业劳动强度，展示出巨大的应用潜力。将人工智能技术应用于农业生产中已经取得了良好的成效。例如，农业专家系统代替了经验丰富的农业专业人员，农民可利用它及时查询在生产中遇到的问题；集成农业专家系统的控制器可完全专业地对各种农业自动化设备进行控制；农业机器人可代替农民从事繁重的农业劳动，在恶劣的环境中持续劳动，大大提高农业生产效率，节省劳动力；计算机视觉识别技术能用于检验农产品的外观品质，检验效率高，可代替传统人工视觉检验法，从而提高农业劳动效率。

此外，随着我国城镇化进程的加速，越来越多的农民涌入城市。因此，我们迫切需要一种新型的智慧农业模式，这种模式不受空间和环境的约束，能够按照人类的规划，实现高集约化的生产，从而生产出安全、营养且高品质的农产品。城市现代农业可以通过发展位于城市中心的摩天农场、城市建筑屋顶的天台农场、城市家庭中的迷你农场及城市周边的标准数字化农场来解决城市“菜篮子”问题。通过提升农业生产的集约化、规模化、标准化、智能化水平，拓展提升农业复合功能，打破传统农业对季节、土壤、天气的依赖，可以为农业的发展提供一种新的模式。要实现用高集约化、高科技方式生产高品质的农产品，很大程度上依赖人工智能技术的发展。

1. 智能农业的发展历程

农业的发展经历原始农业、传统农业和现代农业三个历史阶段，而智能农业作为现代农业发展的新形态，是农业领域的一场深刻变革。智能农业充分运用现代信息技术成果，如计算机与网络技术、自动控制技术、多媒体技术、“3S”技术（遥感技术、全球定位系统和地理信息系统的统称）、无线通信技术、大数据技术、专家系统与人工智能技术，实现农业可视化远程监控、灾害预警等职能。智能农业是将高新技术与传统农业生产深度融合的新兴产业。它借助先进的技术投入和科学管理手段，实现资源的高效利用和农业产出的最大化效益，推动农业向自动化、标准化、信息化和智能化方向发展。

人工智能在农业领域中的应用可追溯至20世纪70年代末，欧美发达国家率先开始了农业信息化的应用研究，以专家系统为代表的人工智能应用开始在农业领域萌芽。AES（农业专家系统）本质上是一个融合大量农业专门知识和经验的计算机系统。农业专家系统依托知识规则，运用恰当的知识表达方式和推理方法，借助信息网络平台为农业管理者提供专业咨询，辅助科学种植。它能在一定程度上替代农业专家，对提升农作物产量、优化品质以及增强农业管理的智能决策能力具有重要价值，其工作原理如图3–3所示。

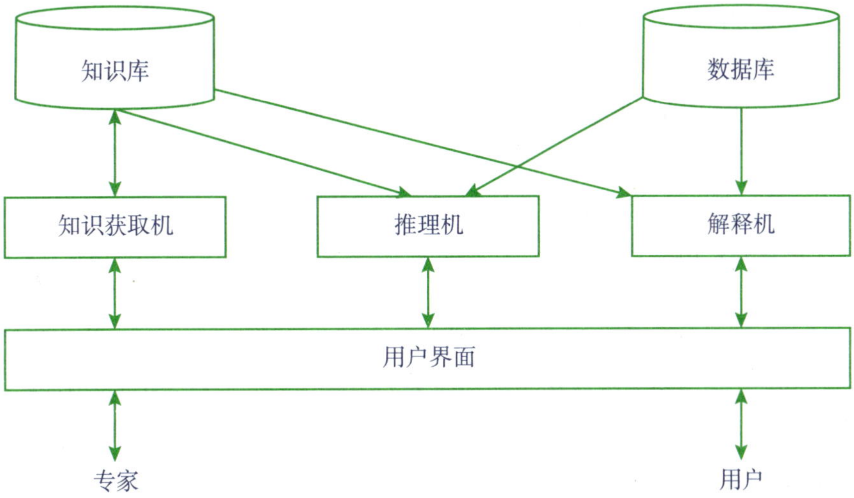

图3–3　农业专家系统工作原理

农业专家系统的应用领域包括农作物栽培、施肥、病虫害防治、杂草控制、森林环保、家畜饲养、农业经济效益分析、储存管理、市场管理等。美国伊利诺伊大学于1978年开发的大豆病虫害诊断专家系统是世界上最早的农业专家系统。到20世纪80年代中后期，农业专家系统的应用领域从单一的病虫害诊断转向生产管理、经济分析决策、生态环境、农产品市场销售管理等。

我国农业专家系统的研发始于20世纪80年代。虽然起步较晚，但恰逢计算机信息技术的飞速发展期，因此得以迅速成长。其应用领域涵盖农作物种植、品种筛选、育种技术、病虫害防治、生产管理、节水灌溉以及农产品质量评估等多个方面。1980年，浙江大学开始进行蚕育种专家系统的研究。1985年，由中国科学院开发的“砂姜黑土小麦施肥专家咨询系统”在淮北平原得到很好的推广应用。其后，各地高校、研究所和农业科学院相继开发了许多农业专家系统。农业专家系统具有灵活、透明的特点，也存在适应面窄、无动态预测功能等不足。

在20世纪90年代，人工智能技术的研究迎来一个新的高潮，人工智能在农业中的应用也进入快速发展期。在农业专家系统领域，陆续出现了美国哥伦比亚大学的梯田专家系统、英国的水果保鲜系统、德国的草地管理专家系统、日本的温室控制专家系统等。这一阶段，计算机视觉技术在农业中的应用取得了较大进展。例如，1992年，在农产品分级方向，研究者在玉米籽粒的分类中引入神经网络方法来提高分类的准确率。1995年，在植物生长监测方向，研究者利用机器视觉和近红外光连续采集植株图像，成功分析出其白昼的生长率。1996年，研究者研制出采用双目视觉方法定位果实的番茄采摘机器人，能准确识别果实与树叶，但当可采摘番茄被茎叶等障碍物遮挡时，机械手难以避开障碍物完成采摘。1997年，科研人员开发了一套用于判断西瓜成熟度的机器视觉系统，以此实现采摘机器人对西瓜的适时自动采摘。中国农业大学是我国较早开展农业机器人技术研发的单位之一，其研发的自动嫁接机器人已成功完成试验性嫁接生产，攻克了蔬菜幼苗柔嫩、易损以及生长不一致等技术难题，适用于黄瓜、西瓜、甜瓜等幼苗的嫁接操作。

进入21世纪后，随着农业劳动力不断向其他产业转移，农业劳动力结构性短缺和日趋老龄化已成为全球性问题，如何通过人工智能技术提高生产力成为农业领域的研究与应用热点，人工智能在许多农业领域出现了规模应用。

随着设施农业、精准农业以及高新技术的加速发展，以及人工成本的持续上升，农业机器人迎来了新的发展机遇。例如，蔬菜采摘不仅季节性强、需要的劳动量大，而且所需费用高，人工采摘的费用通常占全程生产费用的50%左右，因此采摘机器人已在日本、美国、荷兰等国家初步应用。利用研究大田农作物病虫草害的自动识别与测定技术，建成自动化控制系统以防治田间病虫草害，也是计算机视觉技术在农作物生产领域中较为重要的应用。

农业航空是现代农业中人工智能应用的关键领域之一。农业无人机广泛应用于农田植被数据监测、土壤分析与规划以及喷洒作业。在美国和日本等发达国家，农业无人机早已投入使用。自2008年无锡汉和航空技术有限公司生产出第一架植保无人机以来，我国该行业迅猛发展。

2010年，国家发展和改革委员会启动了物联网产业化规划，规划我国的物联网发展重大专项，精细农牧业被列为规划专项的一个很重要的内容。这些国家项目和部委项目的实施引领并促进了人工智能技术在农业领域的规模化应用与发展，提高了我国农业现代化水平。

2. 智能农业的发展趋势

智能农业将按照工业发展理念，充分应用现代信息技术成果，以信息和知识为生产要素，通过互联网、物联网、云计算、大数据、智能装备等技术与农业的深度跨界融合，实现信息感知、定量决策、智能控制、精准投入、工厂化生产等农业生产全过程的全新生产方式，以及农业可视化远程诊断、远程控制、灾害预警等职能。它是农业信息化发展的高级阶段，是继传统农业（1.0）、机械化农业（2.0）、生物农业（3.0）之后，中国农业 4.0 的核心内容。

「进阶阅读」

“智慧农业”的特征

“智慧农业”就是把农业资源各要素、各个产业与科学技术、现代信息技术、大数据分析相融合，用技术推动从农业生产到农产品销售终端之间各个环节完美实现，提高农业资源利用效率，提高效益，减少污染。

1.“智慧农业”生产的生态性

“智慧农业”生产是整个农业产业链的关键环节。农业生产与互联网技术、农业云计算、大数据分析的结合使农业各个产业的运行更具有效率。农业生产者可以通过 3S 技术（遥感技术、地理信息系统、全球定位系统）得出农作物生长的相关环境数据，对农作物生长做出最优抉择，提高农业资源利用率，保证农业生产的生态性，提升农产品的品质。

2.“智慧农业”管理的效益性

“智慧农业”管理贯穿于整个农业产业链的方方面面，从农业生产到农产品销售终端各个环节实现有效管理。利用农业环境监测平台，对农作物生长情况做到有效预警，对农作物施肥、施药、灌溉等进行精细化控制；利用农产品交易平台，做到精准营销。提高农产品产业化水平，增加农民收入。因此，“智慧农业”管理具有效益性。

3.“智慧农业”信息服务的共享性

“智慧农业”在发展过程中注重信息服务的共享性，基于互联网、云计算、大数据分析等，可实现农业生产信息的采集、储存与传送，农民有问题可以随时与在线专家联系，了解信息，及时解决问题；对农产品涉及的市场信息、农产品供给信息、消费者需求信息、物流信息等了如指掌，对农业资讯、农业发展动态信息实时跟进，有效解决农业信息不对称与信息获取的困难。

（资料来源：姚光琴，谢久凤，向钦瀚 . 新型智慧农业技术应用［M］. 长春：吉林科学技术出版社，2023.）

二、智能农业的应用

在农业领域，人工智能的应用涵盖了耕作、播种、采摘等智能机器人，土壤探测、病虫害监测以及气候灾害预警等智能识别系统，以及家畜养殖中使用的智能穿戴设备。这些技术正在助力提高农业生产效率和产量，同时降低农药和化肥的使用量。人工智能在农业市场中的应用可分为以下四大类。

1. 农业智能分析

物联网、互联网等技术与农业生产、加工、流通等环节紧密结合，产生了大量多源异构的农业数据，并且这些数据仍呈指数级增长。采用数据挖掘与智能分析技术发现或提取其中的有效信息与潜在价值，实现对农业生产经营过程的整体管控，在一定程度上加速转变农业生产方式，提高生产水平与效率，对于发展与实现现代农业具有重要意义。

（1）农业数据挖掘及管理。随着移动互联网和物联网技术的发展，在农业生产、加工、流通过程中，农业资源、环境、多样化的生产经营方式不断产生超大规模、多源异构、实时变化的农业数据。农业数据挖掘可称为农业数据库中的知识发现，是一个发掘具有潜在价值的信息的过程。农业数据可以是结构化的，如电子表格、关系数据库中的数据，也可以是半结构化的，如 XML（可扩展标记语言）文件、日志；甚至可以是分布在网络上的非结构化数据，如图片、视频等二进制文件。农业数据的来源主要为网上公开的海量农业信息资源和农业生产过程中产生的农业过程数据。

利用数据挖掘技术所获取的知识能够应用于精准农业，从而提升农业生产中科学管理、精准监控和智能决策的质量与效率。

（2）智能图像识别。以前在野外看到一种不认识的花草，要查阅资料才能知道其品种，如今我们可以对着花草拍照，再利用各种识图软件就能识别其品种。这正是图像识别技术的典型应用。近年来，随着人工智能和机器视觉领域的快速发展，图像识别的准确率不断提升。在农业领域，图像识别技术的研究范围从动物识别、农产品识别，进一步拓展到农作物病虫害监测等方向。研究步骤一般包括图像采集、图像预处理、图像特征提取、模式识别，其中图像特征提取、模式识别是图像识别技术的核心。

美国的 Plant Village 和德国的 Plantix 是两款智能植物识别 App，它们不仅能识别农作物，还能帮农户智能识别农作物的各种病虫害。此外，基于机器学习算法的农作物视觉识别也广泛应用于对采摘机器人进行分类和识别采摘目标的训练。

（3）动物行为分析。动物行为学已经发展成为畜牧学中一门成熟的分支学科，许多行为学原理被应用于畜牧生产实践中，分析动物行为在动物护理养殖中起着举足轻重的作用。行为特征提取的目的是区分不同的动物基本行为，研究动物行为模式是发现动物反常行为的基础，而反常行为是动物个体出现健康异常或环境发生突变的外在表现。动物反常行为的及时发现可用于动物疾病或环境调节预警。

随着现代信息技术的不断进步，众多畜牧信息智能化监测手段和技术应运而生。这些手段和技术在精准采集畜牧养殖信息的基础上，着重分析信息背后所反映的动物健康状况和对养殖环境的适应性等深层次内容，为动物疾病预警和养殖环境的反馈调节提供了低成本且高精度的解决方案。

在畜牧养殖领域，动物健康状况、生存舒适度会很大程度地反映到动物行为上，相比人工观察，用人工智能技术观测动物行为可以更加客观地分析动物的健康及舒适度状况。

（4）农产品无损检测。农业是人类社会不断发展与进步的保障，人类对可食农产品的要求不再仅限于农产品的数量、安全、卫生，而是越来越关注农产品的外观、风味、营养等品质问题，要求越来越高。在安全和卫生条件相当的情况下，选择优质农产品逐渐成为一种新的消费理念和文化现象。这使得根据农产品的质量要素进行分级，并实行优质优价、按质定价的模式变得更加可行。在国际竞争日益激烈的背景下，农产品能否进入国际市场也取决于农产品品质的优劣，因此对农产品品质的检测就显得非常重要。

农产品的品质检测主要包括对水果、蔬菜、畜禽、水产品、经济作物、谷物籽粒等类别的检测与分级，实现对农产品营养成分（蛋白质、脂肪、糖类等）、功能成分（维生素等）、有害成分（硫甙、芥酸、焦油等）等内部品质，及大小、颜色、硬度、形状、病害等外部品质的检测。

无损检测技术是在不损坏被检测对象的前提下，利用被测物外部特征和内部结构对热、声、光、电、磁等反应的变化，探测其性质和数量的变化。根据检测原理，无损检测大致可分为光学、声学、电学特性分析法，电磁与射线检测技术，机器视觉技术检测方法等类别。实现多目标、多传感器在线无损检测技术，对提高农产品品质，降低工人的劳动强度，创造较大的经济效益和社会效益具有重要的实际意义。

2. 农业专家与决策支持系统

农业领域中的人工智能专家系统借助计算机模拟专家的智慧，通过推理和判断，为农业生产中的复杂问题提供决策支持。这种系统对于本身具有不确定性的农业生产活动具有重要的应用价值。以下几个领域通常可建设农业专家与决策支持系统，以加快农业科技知识传播，促进农业快速发展。

（1）水产养殖管理专家系统。水产养殖管理专家系统是指采用智能信息处理技术、先进传感技术，通过对养殖水质及环境信息的智能感知、安全可靠传输、智能处理，以及控制机构的智能控制，实现对水质和环境信息的实时在线监测、异常报警、预警和智能控制，养殖过程精细投喂，疾病实时预警与远程诊断。

经过长期的研发，水产养殖管理专家系统已逐步构建起涵盖关键技术攻关、产品开发、平台搭建以及应用示范的完整技术发展路径。现阶段，我国水产养殖管理专家系统面临的瓶颈主要集中在农业物联网的产业化水平较低以及缺乏统一的标准规范等方面。

（2）农作物病害诊断专家系统。在农作物病害诊断领域，结合传感器采集数据、农作物生育数据、图像数据进行农作物病害诊断的专家系统也越来越受到基层农技人员的欢迎。

病害诊断专家系统根据大量准确描述的诊断知识构建，对知识进行特征提取，将其标准化。诊断病害过程通常经过三步：第一步，区分症状，利用已有经验和查询到的资料对症状进行区别，根据典型症状或综合各种症状初步诊断发生病害的可能性；第二步，利用病体、病原和症状诊断三要素的关系进一步确定病害及病原；第三步，依据上述结论，结合环境要素和生产管理要素最终确定病害并决定防治方法。

应用最为广泛的是基于图像识别的农作物病害诊断系统。首先，获取清晰度和亮度适中的农作物图像，经过预处理和分割，定位疑似病灶区域。接着，提取病害图像的纹理特征，并对关键特征进行归一化处理，计算颜色、纹理和形态特征的相似度，综合评估特征相似度。最后，通过检索图像知识库中的所有图像，返回诊断结果。

（3）农作物生产决策系统。农作物生产决策系统已成为信息时代指导日益复杂的农作物生产过程的重要技术手段。农作物生产决策系统在农作物模型、专家系统、智能算法、“3S”技术等的基础上，根据系统的设计目标及要求，综合应用农学、生态学、空间信息技术、环境科学、统计学、计算机科学等基本理论与方法，通过广泛收集与分析田间数据（气象、土壤、品种、种植、经济、地图等），建立包括空间数据和属性数据的农业数据库，其将农作物模型的预测功能、专家系统的推理决策功能、智能算法的数据挖掘与知识表达功能及“3S”技术的实时定位监测与分析功能进行融合，具有综合性、智能化、通用性、网络化、标准化的特点，能对不同环境条件下的农作物生长状况做出实时预测并提供优化管理决策，实现农作物生产的高产、优质、高效、安全和持续发展。

我国各大学和科研院所曾先后建立多个农作物生产决策系统，为农作物生长施肥、病虫害管理等提供智能化决策支持，实现农作物的生长发育与产量预测、产前管理方案的设计与产中管理调控，但这些系统大多过于注重科学研究而忽视实际应用。上海赋民农业科技股份有限公司紧密结合农作物决策支持系统与农业智能机械、农业物联网技术，综合考虑大气—阳光—农作物相互作用的过程，对精确定量的播种、施肥、灌溉、温室环境控制等进行智能化决策，建立农机、农艺相结合的基于大气—阳光—农作物过程模型的农作物生产决策系统，推动我国智能农业的发展。

（4）动物健康养殖管理专家系统。在动物饲养领域，人工智能主要用于妊娠母猪、哺乳母猪、奶牛等动物饲养环节的精准饲喂系统。随着现代养殖模式从传统的散养和家庭饲养快速向集约化、规模化、标准化转变，智能化、自动化和精细化的养殖技术成为行业发展的关键需求。

恶劣或被污染的环境会影响动物的健康和产品的质量，人工智能可以对畜禽舍内温度、相对湿度、光照强度、氨气的量和硫化氢的量五种数据进行实时采集，并实现多传感器的数据融合。当感知的环境数据超过系统预设值时，系统可自动开启相应的通风设备、降温设备等，用户可通过手机远程实时监测、对比分析，并可控制环境参数，实现畜禽舍环境智能化管理。

（5）农业空间信息决策支持系统。农业空间信息决策支持系统是指利用遥感、地理信息系统、导航与定位系统、计算机通信等高新技术，定期获取农业生产环境、生产活动等的农业空间信息，建立农业空间资源数据库，结合地理学、农学、生态学、植物生理学、土壤学等基础学科，建立农业空间信息决策分析模型，对农业空间信息、农业生产过程和现象进行可视化表达、分析与模拟，达到高效、合理配置农业资源，科学指导农业生产、农业产业结构调整、农业产业布局等决策目的。

农业空间信息决策支持系统由四大核心部分构成：农业空间数据采集系统、农业空间数据库、农业空间信息决策分析模型以及农业空间信息决策系统。从农业全流程的角度来看，该系统可用于农业的规划、生产、经营和管理等多个环节。从行业角度来看，该系统可以应用于种植业、养殖业、林业等多个行业。从具体应用场景来看，该系统可应用于面向农业资源管理的空间信息决策、面向重大动物疫病防控的应急指挥决策、农业环境评价信息管理、基本菜田信息管理、污染源普查数据分析等，深化空间信息技术和现代农业信息融合，为现代农业空间信息决策提供技术支持。

3. 农业机器人

农业机器人是应用于农业生产的机器人，使用农业机器人能够帮助农民实现更加轻松、高效的农业生产。截至目前，各种农业机器人不断涌现，如剪羊毛机器人、挤奶机器人、移栽机器人、嫁接机器人、采摘机器人、除草机器人等。各种智能化技术，如激光导航、机器视觉等，也开始大量应用于农业机器人。

（1）茄果类嫁接机器人。嫁接机器人是目前应用较为成熟的农业机器人之一，它融合了机械技术、自动化控制和园艺工艺。它能在短时间内将直径仅几毫米的砧木和穗木切口精准对接，有效提升嫁接效率和成活率。因此，嫁接机器人被称为嫁接育苗的一场革命，其关键技术主要涉及茄果类茎秆标准化切削、秧苗切口匹配与精准对接、新型育苗方法与自动化生产系统集成等。

目前，日本、荷兰、西班牙、意大利等发达国家针对番茄、茄子及辣椒嫁接的嫁接机器人研究处于国际领先地位。其全自动嫁接生产效率为 1 000 ~ 1 200 株 / 小时，成功率超过 95%；半自动嫁接生产效率为 300 ~ 400 株 / 小时，成功率超过 98%。

该系统由柔性夹持手机构、秧苗快速切削机构、自动对接与上夹机构、控制系统、嫁接夹自动供应装置等构成。研发注重嫁接方法的通用性，因此系统具备很好的实用性。

（2）果蔬采摘机器人。果蔬采摘机器人是通过编程能自动完成水果和蔬菜（以下简称果蔬）的采摘、输送、装箱等相关作业任务的具有感知能力的自动化机械收获系统，其功能主要是识别和定位果实，在不损坏果实和植株的条件下，按照成熟采摘标准，自动完成果蔬的收获。

采摘作业季节性强、劳动强度大、费用高，因此保证果实适时采收、降低收获作业费用可以增加农业收益。采摘机器人是农业机器人领域的重要分支，其主要功能是减轻工人劳动强度、降低生产成本，同时提升生产效率和产品品质，并确保果实及时采摘。因此，采摘机器人具有广阔的发展前景。目前，国内外在采摘机器人技术研发方面进展迅速，相关产品不断涌现，已取得阶段性成果。

华南农业大学开发的荔枝采摘机器人，其最突出的功能是有着“火眼金睛”，能先采用双目立体视觉在果园中对果实进行定位，获得视野内多个随机水果目标，然后用数学规划方法，对采摘作业路径进行自主规划，最后伸出机械臂末端的拟人夹指采摘果实。2016 年，日本松下电器研发的番茄采摘机器人在山东省寿光市展出，其使用的小型镜头能够拍摄 7 万像素以上的彩色图像。它通过图像传感器检测出红色的成熟番茄，并对番茄的位置进行精准定位。该机器人采摘时只拉拽菜蒂部分，不会损伤果实，摘一个番茄平均耗时约 6 秒，在夜间等无人时间也可进行作业。此外，各国研究人员还在进行西瓜、苹果、甘蓝、茄子等各种果蔬的采摘机器人技术研究，这些新型的果蔬采摘机器人都离不开人工智能技术的支撑。

（3）除草机器人。除草在农业生产中占据关键地位，采用非化学方法除草是生产有机农产品的重要前提。利用除草机器人进行除草作业，不仅能减轻劳动强度，还能显著降低除草剂的使用量，对农林生态环境的保护具有重要意义。对智能株间锄草技术的研究多见于欧洲，原因是其政府对除草剂使用的限制，市场需求促进了该技术的发展。近年来，美国、日本、加拿大、中国等国家也相继开展智能株间除草技术的研究。

德国的大田除草机器人利用计算机、GPS 和多用途拖拉机综合技术，可以达到准确施药；英国的菜田除草机器人利用摄像机扫描和计算机图像分析技术来进行除草，可以全天候连续作业，除草时不会破坏土壤；法国 Naio Technologies 公司开发了一款专门用于大型蔬菜种植的 Dino 除草机器人，其装备 RTK（实时动态）相对定位技术、GPS 和视觉相机，能翻动土块、拔除杂草且不伤害近处的农作物，号称是一款多功能机器人，也可用于播种，充满电后可持续工作 8 小时，且已完全实现自动化，无须农民监督。

中国在智能株间锄草技术方面的研究起步较晚，利用机器视觉、地理信息系统和近距离传感器实时监测的苗草信息获取技术及锄草装置是当前的研究重点。

（4）农产品分拣机器人。在农产品分拣环节中，应用机器人能够显著提升分拣的标准化程度，减少产品损坏率，提高生产效率，降低生产成本，并改善劳动环境。农产品分拣机器人是一种新型智能农业设备，融合了人工智能、自动化控制、图像识别、光谱分析建模、传感器技术和柔性执行机构等前沿技术。

目前，国外基于计算机视觉技术的农产品（尤其是水果）外观品质分拣技术与装备研究已经较为成熟，日本在果蔬分拣系统及果蔬拣选机器人的研究开发和使用方面居世界领先地位。英国研制的农产品分拣机器人采用光电图像识别和提升分拣机械组合装置对番茄和樱桃加以区别，然后分拣装运，其也能对土豆进行分类，且不擦伤土豆外皮。意大利 UNITEC 公司开发出一系列用于对采摘下的果蔬进行体积、尺寸和颜色识别的专用分拣机，能使径向尺寸小于 40 毫米的水果的分拣速度达到 18 个 / 秒，径向尺寸大于 40 毫米的水果的分拣速度达到 12 个 / 秒。

国内也出现了一些农产品分拣机器人制造企业，如江西绿盟科技控股有限公司、北京福润美农科技有限公司、扬州福尔喜果蔬汁机械有限公司、合肥美亚光电技术股份有限公司等。2018 年，上海摩天农业科学研究院生产的智能选苗机可以每秒扫描 14 帧育苗后的图像，精准快速地检测出生长发育不良的幼苗。一台智能选苗机一天可以挑选 2 000 个育苗盘，等同于 10 名农业人员的工作量。

4. 农业精准作业技术

农业精准作业技术的突破可以大幅提升农业的整体效益和资源利用效率，对于推动农业可持续发展、提升我国农业现代化水平以及保障国家粮食安全、生态安全和食品安全等方面具有极其重要的意义。精准农业是一种现代化农业理念，就是将最先进的科技应用于农业生产中，从而达到科学合理利用农业资源、提高农作物产量、降低生产成本、减少环境污染、提高农业产业经济效益的目的。农业精准作业技术综合应用 GNSS（全球导航卫星系统）、地理信息系统、遥感技术和计算机自动控制系统，逐步向农业生产自动化方向发展。

（1）农机自动导航。国外农机自动导航技术的研究、开发、应用已受到广泛重视，其产品已得到广泛应用。日本等国家存在资源短缺、涉农人员减少且老龄化等问题，需提高管理水平和劳动生产率，因而研究开发了多种基于 GNSS 技术的高性能农机自动导航系统。此外，美国 Trimble 公司和加拿大 Hemisphere 公司还研发了农机作业 GPS 导航自动驾驶系统等。北京合众思壮科技股份有限公司研制出了慧农北斗导航自动驾驶系统，将北斗导航自动驾驶系统成功应用在拖拉机上，填补了国内空白。

（2）农机作业智能测控。农机作业智能测控系统基于物联网技术，综合应用卫星导航、现代液压技术、控制技术、微电子技术和信息技术，一般由远程测试终端、云服务器、测控中心三部分组成。远程测试终端安装在被试机具上，测控中心包含固定式的控制中心、移动终端等，云服务器将这两部分连接在一起，实现数据交互。远程测试终端采集被试机具的运行数据、作业轨迹以及关键环节信息，并上传至云服务器。测控中心对这些数据进行分析和处理，形成试验结论，并对整个试验过程的数据进行存储与备份。

国外的凯斯纽荷兰公司、约翰迪尔公司等在收割机上应用了电子驾驶操纵系统等来监测控制随机工作性能参数，如实际行驶速度、发动机转速、滑转率、动力输出轴转速、作业面积、作业效率、工作时间等。日本在小型收割机研究上投入大量资源，久保田集团研制的 PRO208 半喂入式联合收割机对输送螺旋杆处堵塞情况、集装箱装满情况，以及水温、发动机油温、燃油油位等参数进行监测，从而实现监控报警和自动控制功能。

我国农机作业智能测控系统的研究开发起步较晚，技术水平与国际先进水平相比仍存在差距。目前，我国的农机作业智能测控系统具备农机实时定位、作业状态精准判断、作业面积实时统计以及精准计算等功能。辽宁邮电规划设计院有限公司联合辽宁省农业机械化研究所共同研发了农机作业远程监测系统，通过安装在农机上的作业监测设备，进行作业数据的采集和传送，实现农机作业状态和作业数据准确监测，为农机作业监管提供了量化依据，提升了农机作业管理信息化水平。

（3）果树针对性施药。病虫害防治是果园中最主要的、劳动强度最大的作业，喷药作业的方式直接影响果树生长、产量、果品质量、经济效益及生活环境。在保护生态环境意识不断提高的背景下，既要减少农药使用量，又要提高病虫害防治效果，因此需要精准施药技术和高效植保机械的运用。

果树的位置、树冠的大小，是果树施肥、灌溉和病虫害防治中确定投入量的重要依据。针对果树位置、树冠大小的探测技术主要分为光谱探测技术、超声探测技术、激光探测技术、基于图像处理的探测技术等。果树针对性施药系统主要通过拖拉机牵引，采用不同的传感探测技术精确探测果树位置和树冠大小，结合拖拉机的作业状态，利用微计算机控制喷洒喷头，实现根据果树信息智能变量施药的目的。整个系统可以自动作业，操作简单，可以降低人力成本，有效提高农药利用率，从而降低防治成本，同时减少环境污染，减少水果农药残留，符合国家环保政策。

（4）智能水肥一体化。水肥一体化技术以喷灌、滴灌技术为基础，将灌溉和施肥融为一体，根据土壤湿度、农作物需肥规律和特点，将适当比例的肥料和灌溉水兑在一起，将肥水均匀、定时、定量地喷洒在农作物生长区域，使主要根系的土壤始终保持疏松和适宜的水分和养分供给量。水肥一体化的优点是水肥均衡、省工省时、节水节肥、控温调湿，目标是增加产量、改善品质、提高经济效益。

目前，国内外水肥一体化设备广泛采用互联网技术、EC/pH 综合控制系统、气候控制系统、循环加热降温系统、自动排水反冲洗系统、喷雾控制系统等，达到全自动混配肥、智能化灌溉施肥，管控一体化的产品已规模化生产。

（5）设施环境智能调控。温室作为现代化农业的关键设施，帮助农业生产摆脱自然条件的限制，实现反季节种植，提升土地利用率和农作物产量。现代温室能够生产速生、高产、优质的农产品，是因为它营造了一个相对独立的近乎理想的人工气候环境，从而实现周期性、全天候、反季节的工厂化生产。

随着传感技术、微型计算机技术的迅速发展，对设施农业自动监测控制技术的研究取得了重大进展。该技术最初采用模拟式组合仪表，采集现场信息并进行指示、记录和控制。20 世纪 80 年代末，科研人员研发出基于工控机、PLC 的集散式控制系统，实现了分散控制、集中管理、集中监视的目标。之后，现场总线控制技术引入植物工厂测控系统，优化了集散式架构，形成了分布式控制系统。该系统以其高可靠性和强操作性等特点，目前已得到广泛使用。从 20 世纪 90 年代初开始，基于以太网或工业以太网的温室控制系统得到了迅速发展，逐步与温室模型或农作物模型结合起来，并在此前的控制算法研究基础上开发出多因子综合控制系统，该系统可以根据温室农作物的生长发育规律，对温室内光、热、水、气、肥等环境因子进行自动控制。当前，移动互联网技术、物联网技术蓬勃发展，国内大力推广物联网技术在设施农业的应用已经有了一些应用实例。例如，上海赋民农业科技股份有限公司在上海市重固镇建设的数字农场已全面应用农业专家系统，自动进行温室环境控制。

（6）农业无人机作业。农业无人机可用于农业土壤和农田分析、无人种植、农作物监测、农业喷洒、农产品生长健康评估等，具有如下技术特征。

1）作业过程自主飞行控制。用软件设置飞行轨迹后，无人机可自动沿设定轨迹飞行，正常情况下无须人工干预飞行过程。

2）智能执行作业任务。农业无人机作业为低空、超低空飞行，可自动与农作物保持设定的相对高度，依据 GIS 信息和导航信息，自动实现对靶精准作业，进行植保或者拍照、摄像等，避免人工操作带来的误差。

3）自主识别各种安全风险。农业无人机飞行高度低，使用环境复杂，需要对周围的人员、障碍物、地形地貌等影响飞行安全的物体和突发事件进行识别和规避。

4）智能作业路径规划。农业无人机的控制系统可自主规划任务流程，统筹作业计划，实现最优的作业任务安排，减少能源消耗和作业时间。

5）智能作业管理统计。农业无人机的控制系统自动收集无人机作业信息，统计作业量，并运用大数据技术实现对农情信息的宏观把握。

目前，国内生产农业无人机的企业主要有深圳市大疆创新科技有限公司、广州极飞科技有限公司、无锡汉和航空技术有限公司等，主要推广应用农用植保无人机。植保无人机是一种遥控式的农业喷药飞行器，其喷洒效率远高于传统人工植保操作，同时避免了作业人员直接接触农药的风险。随着市场和政策环境的逐步完善，植保无人机的应用前景广阔。2013 年，原农业部出台《农业部关于加快推进现代植物保护体系建设的意见》，鼓励有条件地区发展无人机防治病虫害。植保无人机需由获得资质证书者严格按照使用维护说明书操作。

三、典型应用场景

1. 兽脸识别与智能穿戴

人工智能在农业领域的典型应用是其在畜禽养殖业中的应用，目前应用比较多的是养猪和养牛行业。因为脚环类的传感器远离禽类身体主要部位，无法感知禽类生命体征，再加上传感器成本限制，所以在禽类养殖行业目前还没有大规模应用。我们可以想象，猪、牛、羊等动物和人类共处时，会视人类为捕食者。因此，将农场交给人工智能来管理，可以避免养殖场工作人员对猪群、牛群、羊群产生紧张情绪。人工智能利用农场的摄像头拍摄动物的面部和身体照片，通过深度学习技术来分析动物的情绪和健康状态。这有助于农场主判断哪些动物生病，哪些动物尚未吃饱，以及哪些动物进入发情期等。

在畜牧业方面，除了可以安装摄像装置对家畜进行面部识别，还可以通过可穿戴的智能设备实时收集所养殖家畜的个体信息，通过机器学习技术识别家畜的健康状况、喂养状况，探测和预测发情期等，从而让农场主更好地管理农场。

2. 智能识别与智能机器人

目前，日本、荷兰、美国等发达国家研发的可进行番茄、黄瓜及苹果采摘的采摘机器人处于国际领先水平，其果实目标定位误差小于 10 毫米，识别准确率高于 85%，不同对象条件下每工作循环用时为 10～50 秒。

我国在研制果蔬智能采摘机器人方面也有很大的进步，发展迅速。例如，上海摩天农业科学研究院研发的采摘机器人可以自主导航、自动规划行走路径，在指定的温室中寻找成熟的果蔬，并利用末端的采摘手爪和剪刀将达到采摘标准的果蔬采摘下来，存放到储物框中。这款采摘机器人主要由移动底盘、升降平台、双目视觉单元、机械臂、采摘手爪、控制系统、导航系统及其他辅助单元构成。采摘机器人规划行走路径时采用“三维激光导航+ IMU（惯性测量单元）+ GPS”，以解决透明温室中和温室外的导航问题，近似于无人汽车的驾驶方案。该采摘机器人采用人工智能的深度学习方法，还能很好地解决果实与叶子颜色相近，且果实形状各异而无法采用形状特征判别的难题。

这款采摘机器人展现了人工智能的先进水平，目前仍处于实验室研发阶段，预计不久后将投入使用，为农业发展贡献力量。随着我国经济的快速发展、农业产业结构的优化以及新技术的广泛应用，采摘机器人的应用前景将更为广阔。

「德技并修」

技术筑基：人工智能赋能实体经济提质增效

政策导向加速“人工智能+”产业落地生根。多年来，广西壮族自治区大数据发展局通过创新中心引导人工智能产业发展，自治区信息中心发布的《广西人工智能产业发展白皮书（2024 年）》显示，截至 2024 年 5 月底，自治区人工智能相关企业数达到 2 447 家，较 2023 年增长 19.77%。创新中心依托华为全栈 AI 能力，为本地企业提供“技术赋能+场景落地”一体化服务，目前创新中心已经赋能自治区的应用场景超过 30 个。

“人工智能+制造”：联合南南铝加工研发的“铝材表面的 AI 图像智能检测”系统，缺陷识别分辨率提升到业内顶级的 0.2mm 精度。

“人工智能+农业”：为广西慧云信息技术有限公司“耘眼”AI 农技服务平台定制解决算法优化难的问题，常见病虫害识别率提升至 99%，让 60 万农户享受到专业的农技服务。

“人工智能+医疗”：帮助桂林优利特医疗电子有限公司开发尿液有形成分识别分析系统，图像智能识别技术能替代专家进行大量的镜检工作，集成该套程序的 US-3000 尿液分析流水线已走进国内外超过 300 家医院。

“人工智能+翻译”：助力广西达译科技有限公司研发东南亚小语种在线翻译平台，借助人工智能实现了更准确、更快速的语音识别、翻译功能，东盟本地语信息采集、处理、挖掘与知识图谱构建填补了国内空白。

“人工智能+物流”：广西北部湾外轮理货有限公司研发智能理货系统，基于 AI 的计算机视觉识别技术，自动识别现场装卸集装箱信息，使得传统的“一人一条作业线”转变为“一人多条作业线”，理货人员实现由“室外”到“室内”、由“蓝领”到“白领”的转变。

（资料来源：人民网 . 中国—东盟（华为）人工智能创新中心赋能广西“人工智能+”行动，2025-02-12，内容有删减。）

项目小结

本项目主要介绍了现代人工智能在多个领域的应用及其技术原理，首先介绍了人工智能在语音识别和语音助手方面的应用，包括语音助手的工作机制、语音识别技术的发展历程及其在机器翻译、智能家居等场景中的应用；其次介绍了面部识别技术的基本原理、人脸识别流程以及其在安防、行人识别、图像分类等领域的应用案例；最后介绍了智能家居系统的功能、环境监控系统的构成与应用，以及人工智能在图像处理、文字识别、教育、农业等领域的应用现状和发展趋势。通过本项目的学习，读者能够全面了解人工智能技术在现代社会中的广泛应用，掌握其在不同领域的基本原理和发展历程，同时培养批判性思维和创新意识，增强对人工智能技术的理性认识和社会责任感。

项目工单

请根据本项目所学知识，完成下面的实训内容（见表 3–1）。

表 3–1　项目工单

任务名称	任务描述	任务要求
语音助手应用探索	调查并体验不同品牌的语音助手（如 Siri、Alexa、Google Assistant）的功能和使用场景。	1. 选择至少两个不同品牌的语音助手进行对比； 2. 记录各自的功能、优缺点及使用体验； 3. 提交一份总结报告。
面部识别技术研究	研究面部识别技术的基本原理及其在安防领域的应用案例。	1. 查阅相关文献，了解面部识别的工作流程； 2. 选择一个具体的应用案例进行分析； 3. 撰写一篇 1500 字的研究报告。

课后练习

一、填空题

1. 人工智能在语音方面的应用之一是________，它可以帮助用户通过语音与计算机进行交互。

2. 2012 年，邓力发表的论文“Context-dependent pre-trained deep neural networks for large-vocabulary speech recognition”是第一篇将________应用到语音识别上的研究论文。

3. 科大讯飞位于中国的________，被称为“中国声谷”。

4. 面部识别技术流程中，人脸检测及特征提取后的一个步骤是________。

5. 云创大数据提供的大规模人脸比对机解决方案可以支持 1 秒完成________次人脸比对。

6. 谷歌的猫脸识别技术采用了深度学习领域的“________学习方式”。

7. 智能家居通过________技术将家中的各种设备连接到一起。

二、简答题

1. 简述人工智能在语音助手技术中的应用。

2. 描述面部识别技术在公安工作中的应用。

3. 智能家居系统如何提高居住环境的安全性和便利性?

项目四　大模型技术

项目导读

随着人工智能的飞速发展，大模型技术已成为自然语言处理领域的重要里程碑。本项目将系统探讨大模型的基础知识、发展历程以及常见的 AIGC 大模型工具。从大模型的定义、特点到其预训练过程，我们将逐步剖析其背后的原理与机制。同时，通过回顾大模型技术的发展历程，读者将清晰地看到从传统语言模型到如今多模态大模型的演变轨迹，以及这一过程中关键技术的突破与创新。

学习目标

知识目标

1. 掌握大模型的定义、特点及其在自然语言处理中的作用。
2. 了解掩码语言模型和下一个句子预测等预训练任务的工作原理及其重要性。
3. 熟悉 ChatGPT、文心一言、讯飞星火等大模型工具的特点和应用场景。

技能目标

1. 通过对 Transformer 架构等技术的理解，能够分析大模型的工作机制。
2. 学会如何利用预训练模型进行特定任务的微调。
3. 能够操作 ChatGPT、文心一言等工具，完成简单的自然语言处理任务。
4. 能够对比分析不同大模型工具的技术特性与应用场景。

素质目标

1. 通过对大模型技术的学习，激发学生对人工智能领域的创新思考。
2. 帮助学生适应快速发展的技术环境，掌握前沿技术的应用。
3. 通过预训练和微调的学习，培养学生对大规模数据的分析和处理能力。

课程目标

1. 通过了解国内大模型技术的发展，激发学生的民族自豪感和科技报国情怀。
2. 引导学生思考大模型技术对社会的影响，培养其在技术应用中的社会责任感。
3. 强调大模型技术的伦理和道德问题，引导学生树立正确的人工智能价值观。

思维导图

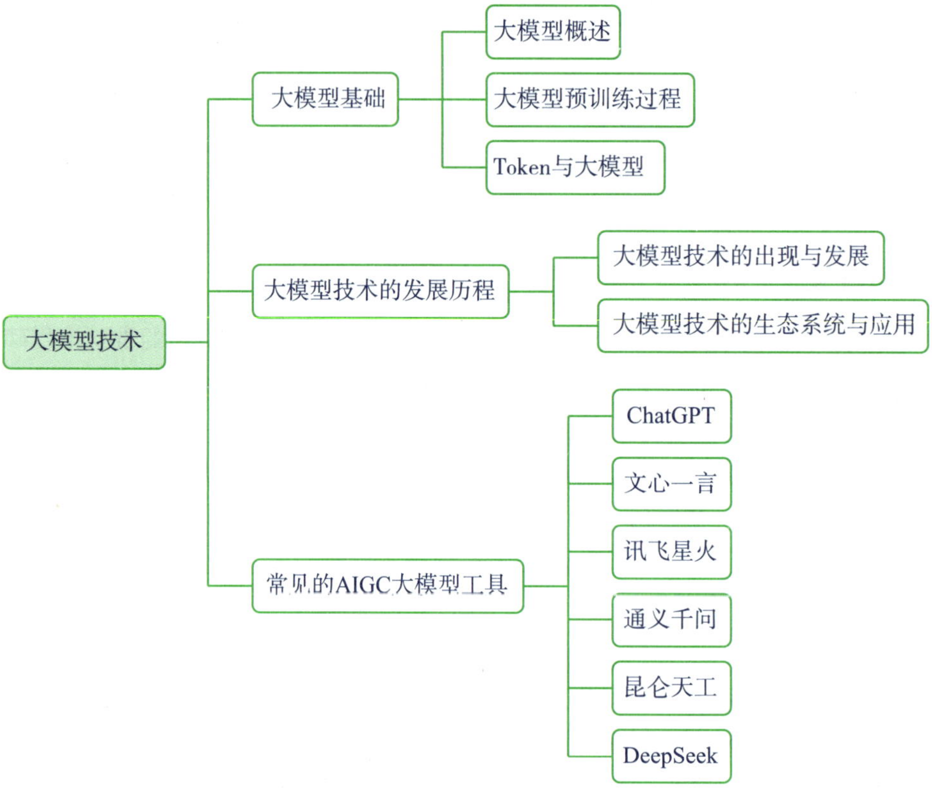

任务一　大模型基础

任务描述

小陈在图书馆偶然看到一本《大模型的秘密》。书中讲到一个巨大的模型能够理解人类的语言，解答各种问题，甚至还能创作诗歌、画画和写代码。小陈被深深吸引，他决定深入了解这个神秘的大模型，探索它是如何做到这一切的。

任务分析

小陈可以通过互联网搜索更多关于大模型的信息。网络上可能有相关的学术论文、博客文章或新闻报道，这些都可以为他提供更详细和深入的了解。特别是那些涉及大模型具体应用的案例，如创作诗歌、画画和写代码等，可以让他看到大模型在实际中的表现和效果。

任务实施

大模型是大规模语言模型（Large-scale Language Model，LLM）的简称。语言模型是一种 AI 模型，它被训练成可以理解和生成人类语言。确切地说，语言模型是一种用统计方法来预测句子或文档中一系列单词出现的可能性的机器学习模型。因此，语言模型本质上是要模拟人类学习语言的过程。从数学上看，它是一个概率分布模型，目标是评估语言中的任意一个字符串的生成概率。

一、大模型概述

大模型本质上是一种大规模的深度神经网络，通过学习海量文本数据来理解和生成人类语言，其主要特征包括层次结构深、参数数量多以及训练数据量大。因此，大模型通常能够捕捉到更细微的模式和规律，展现出更强的泛化能力和表达能力。例如，GPT 系列之所以具有里程碑意义，在于其率先实现了 Transformer 架构的规模化应用。Transformer 是一种能够很好地理解文本数据中的长距离依赖关系的神经网络架构，使得 GPT 模型能够生成高度连贯和上下文相关的语言输出。拥有上亿个参数的 GPT 模型对自然语言处理领域产生了重大影响。

大模型的优点如下。

（1）上下文理解能力强。大模型具有很强的上下文理解能力，能够理解复杂的语义和语境，这使得它们能够产生更准确、更连贯的回答。

（2）语言生成能力强。大模型可以生成更自然、更流利的语言，减少生成输出时的错误。

（3）学习能力强。大模型能够从海量数据中学习，并借助所学知识和模式，提供更准确的回答和预测，这使得它们在解决复杂问题和应对新场景时表现得更为出色。

「进阶阅读」

大模型的应用场景

目前大模型主要围绕以下多个应用场景进行具体的部署，以使人们的生活更加便捷和智能化。

1. 搜索引擎

现有的搜索引擎仍然局限于信息搜集，人们还需要对搜索引擎呈现的结果进行筛选甄别。由于大规模预训练模型学习了海量数据集的知识，因此大规模预训练问答模型具有替代现有搜索引擎的潜质。比如随着 ChatGPT 的推出，人类只需要提出请求（如对话中的指令），ChatGPT 就会自动完成信息的整合和呈现。

2. 办公和创作

大规模预训练模型可以提高办公的效率，同时为创作者提供可借鉴的想法。现有的大规模预训练模型可以实现自动生成指定文本、语法错误纠正、文字润色以及收集数据等功能，这些功能可以极大地帮助办公人员提高工作效率。同时，如 Visual、ChatGPT 等大模型，可实现对图像的编辑和生成，进一步为创作者节省成本。

3. 教育

大规模预训练模型可以提供“启发式”的教学模式，如现有的 ChatGPT 可以支持多轮对话，提供较为准确的回答。因此，这类大模型具备引导提问者更加积极主动地进行思考、发问的潜质。

4. 医疗

大规模预训练模型蕴含大量的知识库，可以帮助医护人员熟悉患者病情并提供解决方案，帮助患者导诊。此外，大规模预训练模型因其具有涌现性，所以可以辅助医学研究。比如，华为云研发的盘古药物分子大模型，其研究了 17 亿个小分子的化学结构，可以高效生成药物新分子，计算蛋白质靶点匹配，预测新分子生化属性，并对筛选后的先导药进行定向优化，实现全流程的 AI 辅助药物设计。

5. 金融

大规模预训练模型可以帮助金融从业者作出决策从而便于风险管理。大规模预训练模型具备较强的数据理解力、图表及图像的生成能力，从而让金融从业者能够快捷、直观和便利地理解风险，同时提升决策能力。

6. 其他

大规模预训练模型正在朝着多应用场景的方向发展，越来越多的大模型被提出用于解决不同实际问题。比如，盘古 CV 大模型利用海量无标注电力数据进行预训练，并结合少量标注样本微调的高效开发模式，推出了针对电力行业的预训练模型；阿里 M6 通过将不同模态的信息进行处理，以提供图文商品检索以及外观设计等应用。

二、大模型预训练过程

大模型主要用于处理和生成类似人类的文本内容。这些模型通过在海量文本数据上的训练，能够理解语言的结构、语法、上下文以及语义关系。大模型通常采用 Transformer 架构等深度学习技术，以识别文本数据中的统计规律和模式。

值得注意的是，大模型常常是在大量文本语料库，如书籍、文章、网页上进行预训练的。预训练是指将大量低成本收集的训练数据放在一起，通过某种方法去学习数据中的共性，然后将其中的共性“移植”到特定任务的模型中，再使用相关特定领域的少量标注数据进行微调。例如，预训练可以教模型预测文本字符串中的下一个单词，捕捉语言用法和语义的复杂性。

预训练能够帮助机器学习模型应对数据稀缺、先验知识不足以及迁移学习等挑战，进而提升模型性能和可解释性，同时降低训练成本。以下以 BERT 为例介绍大模型的预训练过程。BERT 是基于 Transformer 架构的大模型，由谷歌于 2018 年提出，目前已成为自然语言处理领域最受欢迎且最成功的模型之一。

（1）掩码语言模型。掩码（Mask）语言模型是一种基于神经网络的语言模型，它可以在预训练阶段使用海量的未标注语料库进行训练，然后在有监督的任务中进行微调，如文本分类、序列标注等。掩码语言模型的主要特点是通过对输入序列中的一部分标记进行掩码标记，使得模型在训练过程中能够学习到文本的全局上下文。掩码语言模型的核心思想就是在输入序列中随机选取部分序列，将其替换成特殊的掩码标记。在模型训练过程中，模型需要根据前面的标记来预测被掩码标记的实际内容，这种训练方式能让模型学习到句子的全局表征，进而提升性能。

掩码语言模型的训练过程类似于完形填空，预训练任务直接将输入文本中的部分单词遮住，并通过 Transformer 架构还原单词，从而避免了双向大语言模型可能导致的信息泄露问题，迫使模型使用被遮住的词的上下文信息进行预测。

例如有这样一段文本：我爱吃饭。用掩码标记 Mask 去遮盖后的效果可能是“我爱 Mask 饭”。Mask 机制打破原文本信息，在做预训练时，让模型去做文本重建，模型从上下文中获取各种信息，从而预测出被 Mask 遮盖的词汇。

在输入 BERT 之前，单词序列中有 15% 的单词被 Mask 标记替换。然后，该模型将尝试预测被屏蔽词的可能值。

掩码语言模型在自然语言处理领域取得了显著进展，尤其在文本分类和序列标注等任务中表现出色。通过在预训练阶段利用未标注的语料进行训练，该模型能够捕捉到文字、词汇和句法等多层面的语言规律，从而在有监督任务中实现更优的性能。

（2）下一个句子预测。下一个句子预测（Next Sentence Prediction，NSP）是一个常见的自然语言处理任务，这个任务是指给定两个句子 A 和 B，让模型判断 B 是否是 A 的下一个句子。这个任务可以让模型学习到语言中的句子关系和连贯性。

在预训练过程中，掩码语言模型可以通过上下文信息还原被掩盖的词语，从而学习到上下文相关的文本表示。然而，对于阅读理解等需要处理两段文本的任务，仅靠掩码语言模型难以明确学习两段文本之间的关系。为此，下一个句子预测任务被设计为一种用于构建两段文本关系的预训练任务。

BERT 使用数十 TB 量级的文本数据集来进行预训练，如英文维基百科、书籍语料库等。同时，BERT 使用具有数千甚至数万个图形处理单元（Graphics Processing Unit，GPU）或张量处理单元（Tensor Processing Unit，TPU）的高性能计算设备来进行并行计算和优化。BERT 在预训练阶段生成了一个通用编码器模型，能够将任意长度的文本映射为固定长度的向量。

BERT 采用一种简单高效的微调策略：在预训练的编码器模型基础上增加一个输出层，并根据不同的任务和场景调整该输出层的结构和参数。例如，在文本分类任务中，输出层可以是一个全连接层或一个 softmax 层；在文本生成任务中，输出层可以是一个解码器或一个线性层。

BERT 采用“大规模预训练 + 微调”的模式，在预训练阶段获取通用知识和能力，并在微调阶段针对特定任务和场景进行优化。这种模式在多个领域和场景中都表现出色。实际上，BERT 不仅在文本分类任务中表现出色，还在文本生成、文本摘要、机器翻译、问答系统等任务中多次刷新纪录，成为自然语言处理领域的一个标志性模型。

「进阶阅读」

大模型的优势

大模型具有参数量巨大、计算能力超强、可处理复杂任务、可理解上下文等特点。相对于普通模型，大模型能够处理更复杂、更大规模的任务和数据，能够捕捉更深层次的语义依赖关系，从而提供更准确的回答和输出，进而产生更准确、更有创造性的结果。大模型的主要优势如下：

（1）具有强大的泛化性。首先，大模型具有参数量大以及训练数据集大的特点，因此在学习数据的过程中获取了大量的先验知识。其次，在下游任务微调阶段，对大模型进行微调可以提高它们的泛化能力。

（2）能降低训练成本。首先，由于大模型（尤其是 NLP 领域的大模型）具有自监督学习能力，不需要或很少需要人工标注数据进行训练，因而可以直接降低训练成本。其次，得益于预训练的方式，大模型仅使用少量标记数据即可应用于具体任务、场景，降低了针对具体场景和任务微调所需要的数据规模。

（3）带来更优的效果。大模型通过海量数据的训练模式，大大提升了模型的性能。GPT 系列模型拥有数以亿计的参数，能够从大量的文本数据中自动学习语言的规律和语义信息，自动完成各种文本生成任务。在视觉领域，以谷歌 2021 年发布的视觉迁移模型 Big Transfer（BiT）模型为例，它具有 7.3 亿个参数，使用 ImageNet-21k 数据集（138 万张图片，21 841 个类别）进行预训练，达到了良好的效果。此外，扩大数据规模也能带来精度提升，例如使用 ILSVRC-2012（128 万张图片，1 000 个类别）和 JFT-300M（3 亿张图片，18 291 个类别）两个数据集来训练 ResNet50，精度分别是 77% 和 79%；使用 JFT-300M 训练 ResNet152x4，精度可以上升到 87.5%。

（资料来源：焦李成，等.ChatGPT 简明教程［M］. 西安：西安电子科技大学出版社，2023.）

三、Token 与大模型

Token 是文本中一个具有意义的单元，它可以是单词、数字或标点符号。在自然语言处理中，机器学习模型通常以 Token 作为输入的基本单元，它可以被视为文本的最小组成单位。在英文中，一个 Token 可以是一个单词，也可以是一个标点符号。例如，“I love you”这个句子可以被分割成 3 个 Token：“I”“love”“you”。对模型而言，Token 是一种数字化的表示形式。每个 Token 都与一个唯一的数字 ID 相关联，模型通过这些数字 ID 来区分不同的 Token。在训练过程中，模型学习将文本映射到这些数字 ID 的方法，以便对新的文本进行编码和解码。例如，对于英文单词，一个词汇表中可能包含诸如“hello”“world”“chat”等单词，每个单词对应一个唯一的数字 ID。当输入文本被拆分成多个 Token 之后，模型会查找每个 Token 在词汇表中的对应 ID，并用这些 ID 来表示输入文本。

常见的大模型是一种基于概率的自回归语言模型（AR 模型）。这种模型通过预测文本序列中的下一个 Token 来生成文本，在训练阶段，模型会依次处理输入序列中的每个 Token，并计算下一个 Token 的概率分布；在生成过程中，模型会根据上下文和已生成的 Token 逐步生成新的 Token，直到处理完整个文本序列。

例如，如果我们要将句子“the dog sat on the mat”转换为 Token，可以这样做：将每个单词转换为 Token，得到“the”“dog”“sat”“on”“the”“mat”。

需要指出的是，除单词之外，标点符号、数字、表情符号等其他符号也可以被视为 Token。这些符号能够传递信息或情感。例如，“I love you!”和“I love you?”就不同于“I love you”，因为感叹号和问号表达了不同的语气和态度。

表 4–1 所示为 Token 中的常见术语及说明。

表 4–1 Token 中的常见术语及说明

术语	说明
Token	文本中的一个基本单位，对于构建高效和准确的文本处理模型具有关键性的作用。
Subword （子词）	子词是指比单词更小的语言单位，根据语料库中的出现频率来自动划分。比如，一个单词“transformer”可以被划分成两个子词“trans”和“former”，或者 3 个子词“t”“rans”“former”，或者 4 个子词“t”“r”“ans”“former”，等等。不同的划分方法会产生不同数量和长度的子词。
Word embedding （词嵌入）	一种将文本中的单词或其他文本单位映射到连续向量空间中的表示方法。这种表示方法可以将文本中的单词或其他文本单位转换成实数向量，使得计算机可以对文本进行处理。词嵌入在文本分类、情感分析、机器翻译、命名实体识别、问答系统等任务中，可以作为输入特征用于机器学习或深度学习模型。
Encoding （编码）	通常指将输入数据转换为能够被理解、处理的格式的过程。这种编码通常用于降维、特征提取、特征表示等任务，旨在从高维度的输入数据中提取有用的特征，并将其转换为更简洁、更易处理的形式，以便用于后续的机器学习、模型训练等任务。编码在深度学习中具有重要的作用，它可以用于从原始数据中提取有用的特征，减少数据维度，去除噪声和冗余信息，提高模型的泛化能力和训练效果。

在自然语言处理中，Token 概念至关重要，因为它有助于机器理解自然语言。在传统计算机编程中，我们通常会对输入数据进行格式化处理，以提高计算机的处理效率。但是在自然语言处理中，语言的结构和规则是更为复杂和多样化的，因此我们需要用 Token 来帮助机器识别和理解语言的这些结构和规则。在大语言模型中，Token 的应用

场景非常广泛。例如，在文本生成任务中，机器可以通过对输入的 Token 进行操作生成符合语法和语义规则的新文本；在语音识别任务中，机器也可以使用 Token 将语音信号转换为可读的文本；在机器翻译任务中，Token 可以帮助机器将一种语言的文本转化为另一种语言的文本。

任务二　大模型技术的发展历程

任务描述

小李总是对各种智能技术感到着迷，尤其是那些能够像人类一样思考和交流的系统。有一天，小李听说一个叫“大模型”的技术，据说它能理解语言、生成文本，甚至还能处理多种复杂任务，他迫不及待地想要了解这种技术是如何一步步发展起来的。

任务分析

小李若要深入了解“大模型”技术是如何一步步发展起来的，可以从以下几个方面进行探索：首先，可以追溯人工智能的起源，理解其从基于小规模专家知识逐步发展为基于机器学习的过程。接着，小李可以关注大模型发展的沉淀期，即 2006 年至 2019 年期间。然后，小李应重点研究大模型的爆发期，即从 2020 年至今的快速发展。在了解了大模型的发展历程后，小李还可以进一步探索其工作原理和技术特点。最后，小李可以关注当前大模型发展的最新趋势和未来展望。

任务实施

一、大模型技术的出现与发展

2006 年，杰弗里·辛顿（Geoffrey Hinton）提出逐层无监督预训练方法，有效缓解了深层网络训练中的梯度消失问题，为神经网络学习提供了重要优化途径。此后，深度学习在多个领域取得突破性进展，引领了新一轮的发展浪潮。回顾过去十多年，基于深度学习的人工智能技术经历了重大的研究范式演变：从早期依赖“标注数据监督学习”的任务特定模型，发展到“无标注数据预训练 + 标注数据微调”的预训练模型，再到如今采用“大规模无标注数据预训练 + 指令微调 + 人类反馈对齐”的大模型阶段。这一历程见证了技术从小数据到大数据、从小模型到大模型、从专用到通用的飞跃，标志着人工智能技术正迈入大模型时代。

2022 年 11 月，由 OpenAI 发布的语言大模型 ChatGPT 引发了社会的广泛关注。在“大模型＋大数据＋大算力”的加持下，ChatGPT 能够通过自然语言交互完成多种任务，具备多场景、多用途、跨学科的任务处理能力。以 ChatGPT 为代表的大模型技术可以在经济、法律、社会等众多领域发挥重要作用。大模型被认为很可能像 PC 时代的操作系统一样，成为未来人工智能领域的关键基础设施，引领发展热潮。

（一）统计语言模型

统计语言模型主要依据马尔可夫假设来构建文本序列的生成概率。其中，N-gram 语言模型是一个典型代表，它认为下一个词汇的出现概率仅与前面 N 个词汇相关（即遵循 N 阶马尔可夫假设）。然而，这类模型存在显著的问题：它们容易受到数据稀疏的影响，导致概率分布估计不准确。为改善这一状况，需采用平滑策略进行调整。但即便如此，统计语言模型在文本序列建模方面的能力仍然相对较弱。

（二）神经语言模型

针对统计语言模型的局限性，神经语言模型利用神经网络（例如 MLP、RNN）对词汇间的语义共现关系进行建模，能够有效捕捉复杂的语义依赖关系，并精准预测词汇生成的概率。而 Word2vec 简化了神经语言模型的架构，可以从无监督语料中学习具有可迁移性的词向量，为预训练语言模型的研究提供了基础。

（三）预训练语言模型

该模型主要是基于“预训练＋微调”的学习范式构建，首先通过自监督学习任务，从无标注文本中学习可迁移的模型参数，进而通过有监督微调适配下游任务。早期的代表性预训练语言模型包括 ELMo、GPT-1 和 BERT 等。其中，ELMo 模型基于传统的循环神经网络（LSTM）构建，存在长距离序列建模能力弱的问题；随着 Transformer 的提出，神经网络序列建模能力得到了显著提升，GPT-1 和 BERT 都是基于 Transformer 架构构建的，可通过微调学习解决大部分的自然语言处理任务。

（四）语言大模型

1. 探索阶段

在预训练语言模型的研发历程中，扩展定律（Scaling Law）扮演了关键角色。它指出，随着模型参数和预训练数据规模的增加，模型的能力与任务效果会随之提升。OpenAI 在研发 GPT 系列时，通过 GPT-1（1.1 亿参数）、GPT-2（15 亿参数）到 GPT-3（1 750 亿参数）的逐步扩展，验证了这一法则。谷歌推出的 PaLM 模型，参数规模更是高达 5 400 亿。当模型参数达到千亿级别时，语言大模型的能力显著提升。例如，GPT-3 在没有进行微调的情况下，仅通过提示词或少量样例就能完成多种任务，甚至在某些领域超越了当时的专用模型。因此，学术界特别用“语言大模型”（Large Language Models）来强调这种超大规模预训练语言模型与早期模型的区别。

2. 提升阶段

早期的语言大模型虽展现出少样本学习能力，但主要局限于预测下一个单词，难以有效遵循人类指令，可能输出无用甚至有害信息，与人类偏好存在偏差。为解决这些问题，主要采用了以下技术：指令微调（Instruction Tuning），通过格式化的训练数据（指令和回答配对）强化大模型的通用任务泛化能力；基于人类反馈的强化学习（RLHF），引入人类标注者训练与人类偏好对齐的奖励模型，指导大模型训练，使其更好地遵循用户意图。在大模型的应用中，通过采用提示技术，例如思维链（CoT）和思维树

（ToT），能够充分释放大模型的潜力，增强其解决实际问题的能力。此外，针对大模型在某些能力上的短板，比如数值计算，可以引入外部工具（如计算器、搜索引擎等）来拓展其能力边界，弥补其基于文本数据训练和推理的不足之处。

作为重要前沿探索力量，OpenAI 对于语言大模型的研发工作主要是在 Transformer 架构推出后开展，取得了一系列的技术进展。其中，GPT-1 探索了解码器 Transformer 架构（decoder-only Transformer）在"预训练 + 微调"范式下的自然语言任务求解能力；GPT-2 初步验证了扩大模型参数规模的有效性（扩展法则），并探索了基于自然语言提示的多任务解决能力；GPT-3 首次探索了千亿参数规模的语言模型效果，提出了基于"上下文学习"的任务解决方法。

CodeX 使用代码数据对 GPT-3 进行微调，从而提升了代码能力和复杂推理能力；InstructGPT 基于人类反馈的强化学习（RLHF）技术，能够强化对于人类指令的遵循能力和人类偏好的对齐能力；ChatGPT 与 InstruciCPT 的技术原理相似，进一步引入对话数据进行学习，从而加强了多轮对话能力；GPT-4 能够处理更长的上下文窗口，具备多模态理解能力，在逻辑推理、复杂任务处理方面的能力得到显著改进，但其他相关技术细节未被披露。

随着 GPT-4 的发布，语言大模型对多模态领域产生了重要影响。它不再局限于单一的文本交互，而是可以接收文本和图像的组合输入。这种多模态大模型契合人类多渠道感知的认知模式，能够更好地应对复杂多变的环境、场景和任务需求。GPT-4 的成功实践表明，在多模态大模型中融入基于人类知识的自然语言，能显著提升模型在多模态理解、生成及交互方面的能力。

二、大模型技术的生态系统与应用

大型模型服务平台正在向个人用户开放，并向商业应用延伸，各家公司在这一领域各有侧重，为用户提供了多样化的大模型能力获取方式。OpenAI API 较早向大众推出大模型服务，用户能够通过 API 接入多个 GPT 模型来执行具体任务。

Claude 系列模型是 Anthropic 打造的闭源语言大模型，有 Claude 和 Claude–Instant 两种。它们经由无监督预训练、人类反馈的强化学习及 Constitutional AI 技术（融合监督训练与强化学习）锤炼，力求在实用性、诚信度及安全性上更胜一筹。Claude 支持高达 100K 词元的上下文，而 Claude-2 更是升级至 200K 词元。文心一言是基于百度文心大模型的知识增强语言大模型，提供手机应用程序（App）、网页版、API 接口等多种形式的开放服务。文心一言还建设了插件机制，通过外部工具、服务的调用，拓展大模型的能力边界。讯飞星火认知大模型具有开放式知识问答、多轮对话、逻辑和数学能力，并且具有较强的对代码和多模态的理解能力。讯飞和华为还联合重磅发布了国内首款支持大模型训练私有化的全国产化产品"星火一体机"，可支持企业快速实现讯飞星火大模型的私有化部署、场景赋能和专属大模型训练优化。

大模型的开源生态系统非常丰富，汇集多种开源框架和模型。像 PyTorch 这样的框架利用先进的技术，如分桶梯度和通信与计算重叠，来支持大规模的分布式训练；国产的飞桨框架则内置分布式训练功能，采用4D混合并行策略来助力千亿级模型的训练；OneFlow通过将集群视为超级设备，并结合动静态图转换和混合并行，来提高训练效率；此外，微软的DeepSpeed框架运用ZeRO技术，显著降低内存占用，以应对万亿级模型的训练需求。

开源大模型可降低大模型研究的门槛，促进大模型应用的繁荣。其中典型代表有：LLaMA系列，是Meta研发的开源大模型，参数规模从7B到65B不等，仅依赖公开数据集进行预训练，通过数据过滤和并行优化实现高效训练；Falcon系列，来自阿布扎比的TII（Technology Innovation Institute）研究院，最大规模180B参数，基于开源许可发布，性能与GPT-4和PaLM2相当，参数量却较小；GLM系列，采用空白填充等多任务联合训练方式，提升了模型的生成能力；Baichuan系列模型，由百川智能开发，支持中英双语，使用高质量训练数据，在多个基准测试上表现优秀，还开源了多种量化版本；Baichuan 2，在保留原有模型优势的基础上，增强了逻辑推理等方面的能力；CPM系列，采用经典的语言模型自回归训练方式，在各类中文NLP任务上均表现卓越。

大模型技术广泛赋能各行业：传媒领域实现智能新闻撰写，降低成本；影视行业拓宽创作视野，提升作品品质；营销领域打造虚拟客服，助力产品推广；娱乐领域增强人机互动，提升趣味性；军事领域强化情报获取与决策，实现实时战场支持；教育领域赋能教材，推动个性化智能教学；金融领域助力机构降本增效，提升服务温度；医疗领域赋能诊疗全流程。大模型的发展将为人类社会带来强大动力，促进数字与现实世界的深度融合。

大模型的广泛应用使其被视为未来人工智能的重要基础设施，类似于PC时代的操作系统，推动各行业发展，助力国家经济高质量增长。在上游，大模型能够推动软硬件计算平台的创新，实现高性能软硬件与大模型的协同进步，从而形成“大模型+软硬件+数据资源”的发展生态；在下游，它能够建立“大模型+应用场景”的应用生态，促进整个产业的智能提升，为经济、社会和安全等领域的智能化发展提供重要支持。

任务三　常见的AIGC大模型工具

任务描述

小王最近听说AIGC（生成式人工智能内容）技术很强大，可以通过人工智能生成文本、图像、音频甚至视频，极大地改变了内容创作的方式。小王想知道都有哪些常见的AIGC大模型工具。

任务分析

小王想知道有哪些常见的AIGC大模型工具，首先他可以关注科技新闻和行业动态，了解最新的 AIGC 技术发展。其次，小王可以探索国内的技术创新。比如，科大讯飞推出的讯飞星火认知大模型（SparkDesk），是一款生成式 AI 对话产品，拥有跨领域的知识和语言理解能力。此外，小王还可以关注一些专业的 AIGC 工具平台。

任务实施

一、ChatGPT

ChatGPT 是 OpenAI 推出的一款出色的 AIGC 大模型工具。它专注于对话模型，能够与用户进行自然交流。通过 ChatGPT，用户可以与一个看似真实的 AI 伙伴进行互动，无论是提出问题、聊天娱乐还是寻求建议，用户都能得到有趣且有用的回答。

ChatGPT 的核心是生成式预训练 Transformer 模型。这种深度学习模型能够从海量文本数据中捕捉语言规律，并生成新的文本。同时，ChatGPT 还通过与人类的互动进行训练，提升了其对复杂对话场景的理解和应对能力。ChatGPT 的最大特点是其对话的自然性和智能性。它不仅能理解输入文本的意图，还能基于上下文提供有深度的回答。此外，ChatGPT 还能灵活地适应用户的指示，如改变语言风格、采用特定的角色等，为用户提供个性化的交互体验。

2023 年，OpenAI 发布了多模态 GPT-4。这一新模型在发布当天就被集成到 ChatGPT 平台中。ChatGPT Plus 会员在开始新对话时可以选择不同的基座模型，其中就包括 GPT-4。相较于前代产品，GPT–4 的优点在于它能够处理图像和文本输入，并生成文本输出。换句话说，GPT-4 的优势在于可以同时处理图像和文本输入，并生成文本输出。这表示 GPT-4 已超越了传统的大语言模型，转变为一种多模态模型，能够处理多种不同的数据形式，如图像、文本、语音和视频等。多模态模型能整合各种数据信息，从而生成更全面且准确的回答。例如，当模型同时学习图像和文本两种模态的数据时，其在视觉和语言融合的任务中的效果就可以得到提升，典型的融合任务有图像标注和图文分类等。同样地，模型同时学习语音和文本数据，有助于提升语音识别和语音合成的性能。

多模态一直是 AI 技术的一个重要目标和发展方向，因为人类的学习本身就是多模态的。在婴儿期的感知和认知发展过程中，婴儿会同时接触到多种不同类型的刺激，包括视觉、听觉和触觉。通过多模态学习，婴儿能够建立对外部世界的理解和认知。例如，当妈妈一边摇着金色的铃铛，一边给襁褓中的婴儿哼唱“金色的铃铛，叮当叮当”时，婴儿能够将来自不同感官的信息整合起来，从而构建更全面且准确的感知和认知。与传统的语言模型相比，多模态模型可以通过对文本、图像和声音等多种不同模态的数据进行建模，以更好地模拟人类学习的方式。因此，采用多模态模型的 GPT-4 被认为是通往更强大、更通用 AI 的雏形。值得注意的是，无论是训练还是运行，GPT-4 都需要大量的计算资源，这给经济和环境都带来了不小的压力。

图 4–1 所示为 ChatGPT 与用户的问答过程。

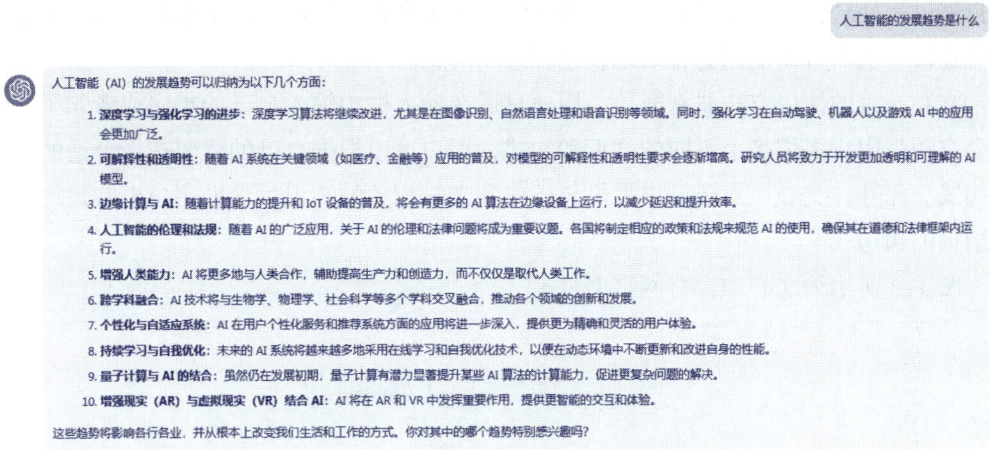

图 4–1　ChatGPT 与用户的问答过程

「进阶阅读」

ChatGPT 的技术局限性

有时，ChatGPT 会给出一些看似准确但实际漏洞百出或不合逻辑的回答。这个问题很难修复，原因包括：目前的强化学习训练中不包含真实世界的内容；模型过度谨慎，即便能答对问题也会拒绝回答；有监督训练会欺骗模型，因为最佳响应依托的是模型的知识储备而不是演示者的知识。

ChatGPT 对同一问题的重复尝试十分敏感，用户可以变更输入的短语。比如，如果用户用一种方式来表述问题，模型可能会说不知道答案，但是只要简单地换一换说法，它就可能给出准确的答案。

该模型反复声明自己是由 OpenAI 开发的语言模型，并且利用了其他被滥用的词语。这些问题是由于训练数据中的偏差（训练者偏爱较长的回答，因为看起来显得更全面）和众所周知的过度优化问题所造成的。

当用户给出一个不确定的问询时，理想的处理方法是模型能通过提问进行澄清。事与愿违的是，目前我们的模型通常会对用户的意图直接做出假设。

尽管开发者已尽力促使模型拒绝不合适的请求，但模型仍会在一些时候接受负面知识或表现出敌意。虽然开发者已经预料到了目前仍会出现一些误报，但他们还是利用审核 API 来提醒用户或阻断某些特定类别的危险素材。

（资料来源：乌特帕尔·查克拉博蒂，索米阿迪普·罗伊，苏米特·库马尔．生成式 AI 的崛起：ChatGPT 如何重塑商业［M］．赵晓曦，译．北京：中国科学技术出版社，2024.）

二、文心一言

百度推出的文心一言是一款智能写作助手，旨在为用户提供优质的写作体验。它利用自然语言处理技术，并整合了丰富的文学、历史和诗词资源，给予用户精准的词汇和句式建议，从而帮助他们更有效地表达思想和情感。

文心一言的使用方法非常简单，用户只需在输入框中输入自己的想法或者句子，系统会自动为用户提供多个不同的词汇和句式，用户可以根据自己的需要选择合适的词汇和句式。此外，文心一言还可以提供与历史和文学相关的知识，帮助用户更好地理解和运用词汇和句式。

图 4–2 所示为文心一言官网页面。

图 4–2　文心一言官网页面

图 4–3 所示为文心一言使用界面，图 4–4 所示为文心一言绘画作品。

图 4–3　文心一言使用界面

图 4–4　文心一言绘画作品

三、讯飞星火

讯飞星火认知大模型（SparkDesk）是科大讯飞在 2023 年正式宣布推出的 AIGC 对话产品。根据其官方描述，该模型拥有跨领域的知识和语言理解能力，能够基于自然对话方式理解与执行任务。它能从海量数据和大规模知识中持续进化，实现从提出、规划到解决问题的全流程闭环，同时还提供第三方插件市场服务和行业大模型应用。

讯飞星火作为一款 AIGC 工具，已在内容创作领域获得成功，并在国内主要应用商店上线。该工具运用前沿的人工智能技术，协助用户生成优质的文章、文案和报道。无论是新闻稿、宣传材料，还是会议纪要和工作计划，讯飞星火都能有效生成相关内容。

通过输入相关信息，讯飞星火可以快速生成文章的大纲和关键词，并自动补充文章内容，让内容创作更加轻松高效。这使得优秀的作家和媒体从业者能够更加专注于思考和创新。

图 4–5 所示为讯飞星火认知大模型官网页面。

图 4–5　讯飞星火认知大模型官网页面

四、通义千问

通义千问是阿里云推出的大模型产品，是阿里云大模型系列中的新成员，能够进行多轮交互，同时也融入了多模态的知识理解——既可以进行多轮对话，也能实现文生图等跨文字、图像等方面的应用，并能够和外部应用程序接口（Application Program Interface，API）进行互联。

通义千问这个名字来源于两个方面。

“通义”指的是该模型的广泛适用性，使其能够理解和解答不同领域的问题。通义千问作为一个大型预训练语言模型，通过学习海量文本数据，在训练中积累了丰富的跨领域知识和语言理解能力。

“千问”意味着模型可以回答各种问题，包括复杂的甚至是少见的问题。它表达了通义千问致力于满足用户在不同场景下的需求，无论问题多么复杂或者独特。综合起来，通义千问这个名字体现了这款 AI 语言模型的强大功能和广泛适用性。

图 4–6 所示为通义千问官网页面。

图 4–6 通义千问官网页面

五、昆仑天工

昆仑天工是我国首个对标 ChatGPT 的双千亿级大语言模型，也是昆仑万维继 AI 绘画产品“天工巧绘”后推出的一款 AIGC 产品，可满足文案创作、知识问答、代码编程、逻辑推演、数理推算等需求。

昆仑万维于 2022 年 12 月推出涵盖图像、音乐、文本和编程等多模态内容生成的 AIGC 全系列算法与模型，展示了其在技术积累和人工智能领域的重大投资。昆仑天工凭借其规模优势，能够利用大量数据进行深入训练，从而提升理解和记忆的能力。

昆仑天工的主要竞争力在于文本写作及语义理解，目前最高已能支持 1 万字以上的文本对话，实现 20 轮次以上的用户交互，在多类问答场景中都能实现较高的输出水平。

图 4-7 所示为昆仑天工使用界面。

图 4-7　昆仑天工使用界面

六、DeepSeek

在当今数字化时代，AI 正以前所未有的速度改变着我们的生活和工作方式。我国自主研发的 DeepSeek 作为国内 AI 技术的佼佼者，无论是对职场人士、学生还是普通用户，都提供了极大的便利与效率提升的机会。它不仅是一个工具，更是连接人与技术的桥梁，帮助用户轻松应对复杂任务，释放创造力，提升生产力。DeepSeek 的出现标志着我国在 AI 领域迈出了坚实的一步。图 4-8 为 DeepSeek 使用界面。

图 4-8　DeepSeek 使用界面

DeepSeek 在本土化方面做出了诸多努力且成果显著。它深入了解不同地区用户的语言习惯、文化背景及实际需求。在语言层面，它对中文等多种本土语言有着精准的理解和处理能力。它不仅能够识别出各种方言表述，还能准确把握中文语境中的微妙语义和情感倾向，无论是正式的商务语言，还是日常的口语化表达，它都能进行妥善处理，从而为本土用户提供更加自然、流畅的交互体验。从文化角度来看，DeepSeek 融入大量本土文化元素和知识体系，这使得它在处理涉及本土文化、传统习俗、历史故事等相关内容时，能够给出贴合实际且准确丰富的回答，极大地增强了用户的认同感和亲近感。同时，针对本土市场的特定应用场景，如某些行业规范、政策法规解读等，DeepSeek 进行了针对性的优化，以更好地满足本土用户在这些方面的需求。

在技术能力层面，DeepSeek 的突出优势体现在推理能力表现卓越，拥有强大的逻辑分析能力。面对复杂的问题时，它能够深入探讨问题的核心及其内在的逻辑关系。例如，在解决数学和物理等学科的困难题目时，它不仅能提供准确的答案，还能够清晰地展示推理过程，提供每一步的依据和思路，帮助用户更深入地理解所面临的问题。

在实际应用场景中，DeepSeek 的推理能力也大放异彩。例如，在商业决策支持方面，它可以根据大量的市场数据、行业动态以及企业自身的运营情况，进行全面深入的分析推理，为企业提供合理的决策建议。这种出色的推理能力使得 DeepSeek 在众多 AI 工具中脱颖而出，为用户解决各种复杂问题提供了有力支持。

DeepSeek 在成本效益方面表现卓越。对于一般用户而言，无论是通过网页使用，还是通过手机应用程序使用，都完全免费。对于有开发需求的开发者而言，DeepSeek 提供应用程序编程接口（API）调用服务，根据模型输入和输出的总 Token 数进行计费，收费也较为合理。用户无须花费高昂的费用，就能享受到高质量的 AI 服务。

「德技并修」

人工智能提供巨大便利，也引发伦理风险

越来越多的人感受到了人工智能对经济社会和个人生活带来的积极影响，而在享受它提供的巨大便利的同时，我们不得不正视人工智能可能引发的多方面伦理风险。

例如，购物 App 通过心率数据推测消费者的健康隐私，电商平台通过用户浏览记录、语音交互等方式精准预判用户购买行为。个人在应用软件上的零散数据经人工智能重组可生成“数字克隆人”，人工智能系统可通过海量数据拼接出比你更了解你自己的人生档案。

人工智能颠覆了传统的“行为—责任”，即“谁犯错谁担责”的责任伦理观念。例如，在不同级别的自动驾驶故障中，难以确切判断是哪个具体技术环节出现故障或过错，确定承担责任的主体存在困难。

人工智能的算法偏见可能损害公平正义。例如，由于外卖平台算法的运行逻辑、决策依据及影响机制的不透明，使得依托互联网平台就业的网约配送员、网约车驾驶员等新就业形态劳动者，一定程度上陷入“数据迷宫”“隐形牢笼”，他们的权益保障可能面临系统性风险。根据“用户画像”量身定制的差异化、动态化定价机制，形成了所谓“大数据杀熟”现象，这是算法决策的“隐性偏见”。

此外，在生命科学领域，人工智能驱动的基因编辑技术，正在突破自然进化伦理法则。在人类情感方面，生成式人工智能创造的“虚拟伴侣”将重塑人际伦理关系，一些年轻人更愿意与人工智能对话，而疏离了身边的亲朋好友。这种情感替代不仅改变着人类的情感模式，也消解了社会伦理联系的生物学基础。

（资料来源：人民网 . 给人工智能装上伦理“导航仪”，2025-04-17，内容有删减。）

项目小结

本项目主要介绍了大模型技术的核心内容、发展历程以及常见应用工具。首先介绍了大模型的基础知识，包括其定义、特点、预训练过程以及 Token 在大模型中的作用；其次详细阐述了大模型技术的发展历程，从早期的统计语言模型到现代的多模态大模型，展示了技术的演进路径及其对自然语言处理领域的深远影响；最后介绍了常见的 AIGC 大模型工具，如 ChatGPT、文心一言、讯飞星火等，分析了它们的特点、应用场景及优势。通过本项目的学习，读者能够全面了解大模型技术的基本原理和核心架构，掌握其在自然语言处理中的应用方法和优势，熟悉大模型技术的发展脉络及其对各行业的赋能作用，同时对当前主流的大模型工具形成清晰的认识，为进一步深入学习和应用大模型技术奠定坚实的基础。

项目工单

请根据本项目所学知识，完成下面的实训内容（见表 4–2）。

表 4–2 项目工单

任务名称	任务描述	任务要求
常见 AIGC 大模型工具调研与对比	调研并对比当前常见的 AIGC 大模型工具（如 ChatGPT、文心一言、讯飞星火等），分析其特点、应用场景及优劣势。	1. 选择至少三种主流 AIGC 大模型工具进行调研； 2. 分析它们的核心技术、应用场景、用户群体及市场表现； 3. 制作一份对比表格，从技术架构、功能特性、使用成本、语言能力等维度进行对比； 4. 提交一份不少于 1 200 字的调研报告，结合对比表格进行详细说明。
大模型技术在行业中的应用探讨	选择一个特定行业（如教育、金融、传媒等），探讨大模型技术在该行业中的应用现状与潜力。	1. 研究大模型技术在选定行业中的现有应用案例，总结其带来的变革； 2. 分析该行业中大模型技术的应用优势与面临的挑战； 3. 提出基于大模型技术的行业创新方案或优化建议； 4. 提交一份不少于 1 200 字的应用探讨报告，结合实际案例与数据分析。

课后练习

一、填空题

1. 大模型是一种大规模的深度神经网络，通过学习海量文本数据来理解和生成人类语言，其主要特征包括层次结构深、____________数量多以及训练数据量大。

2. BERT 是一种基于____________架构的大模型，由谷歌于 2018 年提出，是自然语言处理领域最受欢迎的模型之一。

3. 在自然语言处理中，Token 是文本中一个具有意义的单元，它可以是单词、数字或____________。

4. 预训练语言模型主要是基于“____________+ 微调”的学习范式构建的。

5. GPT-4 能够处理更长的上下文窗口，具备____________理解能力，并在逻辑推理、复杂任务处理方面的能力得到显著改进。

6. 大模型的发展经历了从依赖“标注数据监督学习”的任务特定模型，到“无标注数据预训练 + 标注数据微调”的预训练模型，再到如今采用“大规模无标注数据预训练 + 指令微调 +____________对齐”的大模型阶段。

7. 通义千问是一款能够进行多轮交互的大模型产品，其名字中的“通义”指的是模型的广泛适用性，而“千问”意味着模型可以回答各种问题，包括复杂的甚至是少见的问题，体现了其强大功能和____________性。

二、简答题

1. 简述大模型预训练过程的主要步骤及其作用。

2. 解释 Token 在大模型中的作用，并举例说明其在文本处理中的应用。

3. 比较 ChatGPT 和文心一言在应用场景和技术特点上的差异。

项目五　生成式人工智能应用场景

项目导读

随着人工智能技术的飞速发展，AIGC（人工智能生成内容）已成为推动各领域创新的关键力量。本项目将深入探讨 AIGC 在写作、图表、演示文稿、图像、音乐、视频等多个领域的广泛应用，揭示其如何通过高效的内容生成和优化，为创作者、企业和学习者带来前所未有的便利与突破。

学习目标

知识目标

1. 了解 AIGC 技术的基本概念及其在不同领域的应用场景。

2. 掌握写作类、图表类、演示文稿类、图像类、音乐类和视频类 AIGC 工具的主要功能和应用方式。

3. 理解 AIGC 工具在文本生成、优化润色、语言翻译、数据可视化、图像编辑、音乐创作、视频生成和编辑等方面的具体实现方法。

技能目标

1. 能够熟练使用各类 AIGC 工具生成高质量的文本、图表、演示文稿、图像、音乐和视频内容。

2. 学会利用 AIGC 工具进行文本优化、润色、翻译，以及数据整理和可视化。

3. 能够运用 AIGC 工具进行图像编辑、音乐创作和视频剪辑，提升内容的创意和表现力。

素质目标

1. 培养对新兴技术的敏锐洞察力和学习能力，能够快速适应 AIGC 技术的发展和变化。

2. 提高信息素养，学会从海量信息中筛选、分析和利用 AIGC 工具生成的内容。

3. 增强创新思维能力，通过 AIGC 工具激发创意灵感，探索新的内容创作方式。

课程目标

1. 引导学生树立正确的技术观，认识到 AIGC 技术的双刃剑效应，既要看到其带来的便利和创新，也要警惕其可能引发的伦理和版权问题。

2. 培养学生的社会责任感，鼓励他们在使用 AIGC 工具时遵守法律法规，尊重知识产权，避免滥用技术。

3. 引导学生关注 AIGC 技术对社会就业结构的影响，培养其终身学习的意识，以适应未来社会的变化。

思维导图

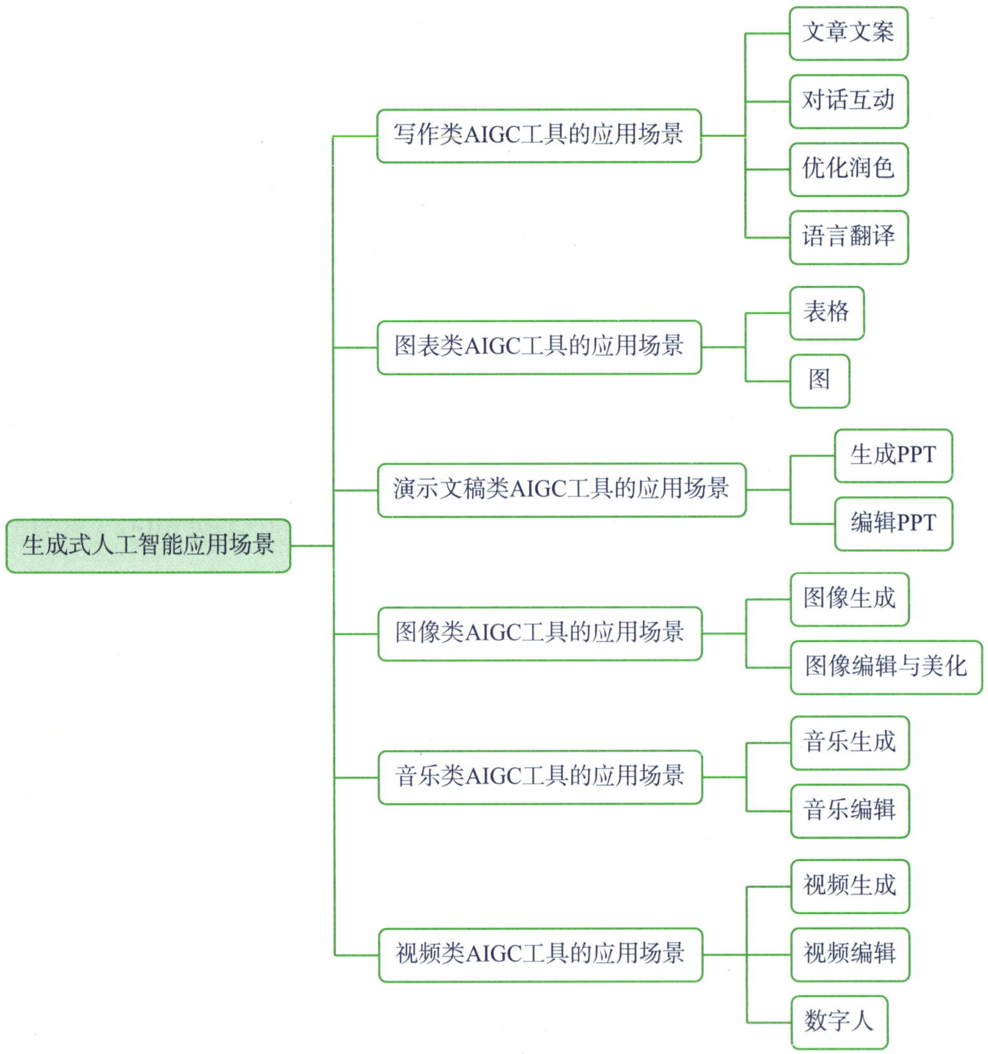

任务一　写作类 AIGC 工具的应用场景

任务描述

自由撰稿人小李正为即将到来的写作任务感到焦虑。最近，他需要同时完成几篇不同主题的文章，时间紧迫，压力巨大。一天晚上，他在社交媒体上看到有人分享写作类AIGC工具的使用体验，这让他眼前一亮。小李开始好奇这些工具到底能做什么，于是他决定深入了解写作类AIGC工具的应用场景。

任务分析

小李可以访问各大应用商店或软件平台，搜索并下载这些写作类AIGC工具的试用版或免费版进行实际操作。通过亲身体验，他可以直观地了解AIGC工具的功能、界面和操作方式。此外，小李还可以查阅相关的在线教程、使用指南或视频演示。这些资源通常会详细介绍工具的各项功能和使用技巧，帮助他更快地掌握工具的应用。

任务实施

AIGC技术日益成熟，写作类AIGG工具已应用于多个领域。它们能够协助创作者快速生成高质量的文本内容，模拟自然流畅的对话互动，提供优化建议，进行文本润色，甚至实现跨语言的无缝沟通。

熟悉这些具体的应用场景有助于后续有针对性地撰写提示词、使用AIGC工具，提高内容生成效率。

一、文章文案

文章文案是以文字来表达特定信息、情感或观点的内容形式。无论是在职场、商业、学术还是社交媒体等多个领域，文章文案都具有重要的作用。AIGC技术在这一领域的应用显著提高了创作的效率和质量。

文章文案是一个很大的类型，根据具体的场景，可分为5种具体类型，如表5-1所示。

表5-1 文章文案类型

类型	描述
职场应用文	包括简历、求职信、报告、会议纪要等。AIGC工具可快速生成格式规范、内容准确的职场应用文，帮助用户提升工作效率。
商业营销文案	包括广告文案、产品描述等。AIGG工具能精准把握品牌调性，创作引人入胜、转化率高的商业营销文案。
新媒体文案	如社交媒体帖子、博客文章、公众号内容等。AIGC工具能结合新媒体特点，创作出既吸引眼球，又易于传播的新媒体文案。
论文	在学术领域，AIGC工具可以协助完成文献综述、论文摘要等部分，提高写作效率，同时确保学术规范和准确性。
文艺作品	如小说、散文、诗歌等。AIGC工具在保证作品原创性的基础上，能够协助创作者进行情节构思、语言润色等，丰富文艺创作的可能性。

将生成文章文案的要求命令发送至 AIGC 工具的聊天对话界面，即可快速得到生成内容。下面的案例展示了利用文心一言生成诗歌的过程。

提示词：请写一首现代诗，主题是“春意盎然”。

AIGC 工具生成内容如下所示。

春意盎然

绿意从枝头悄悄探出，
是春，在轻声地呼唤；
冰雪融化，河流欢唱，
万物苏醒，生机再现。
阳光洒满这片大地，
金色的线条，温暖而细腻；
风儿轻拂，带着花香，
每一口呼吸，都是甜蜜。
桃花、樱花竞相绽放，
粉白交织，如梦如幻；
蜜蜂忙碌，蝴蝶翩跹，
在这片花海，尽情舞蹈。

文心一言内容生成界面如图 5-1 所示。

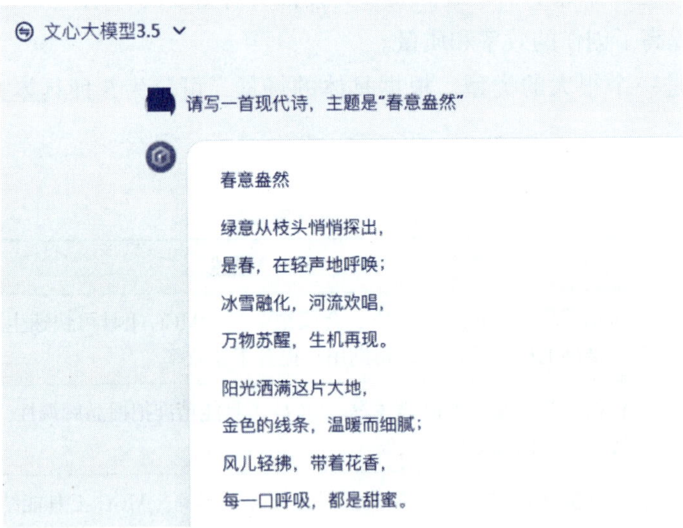

图 5-1　文心一言内容生成界面

二、对话互动

对话互动作为 AIGC 工具在交互性内容领域的核心应用之一，展现了人工智能在模拟人类语言习惯与思维方式方面的卓越能力。文心一言的对话界面如图 5-2 所示。

图 5-2　文心一言的对话界面

通过深度学习和自然语言处理技术，AIGC 工具能够与用户进行自然、流畅且高度个性化的对话互动。对话互动的应用场景广泛，也具有很强的实用性，包括情境模拟、情感交流、事务咨询、灵感启发等，如表 5-2 所示。

表 5-2　对话互动类应用场景

场景	简介	举例
情境模拟	AIGC 工具通过模拟不同情境，与用户进行角色扮演和互动	模拟面试、角色扮演游戏
情感交流	AIGC 工具以人性化的方式与用户进行情感交流	生活闲聊、心理疏导、倾听烦恼
事务咨询	AIGC 工具作为虚拟"行业专家"，为用户提供各种事务咨询服务	日程安排、健康建议、法律咨询、财务规划
灵感启发	AIGC 工具为用户提供创意灵感和启发	写作取材、设计思路
客户服务	在客户服务领域，AIGC 工具可以通过模拟对话，提供快速、准确的服务响应	解答常见问题、处理投诉、提供售后支持

与 AIGG 工具进行对话互动类似于使用微信、QQ 等通信工具对话，通过在聊天框发送对话内容即可完成。下面的案例展示了模拟面试的对话过程。

提示词：我是一名数据分析师的求职者，请你扮演我的面试官。接下来我们会进行模拟面试。请你一次提一个问题。

AIGC 工具生成内容如下所示。

好的，让我们开始模拟面试。首先，请简单介绍一下你自己，包括你的教育背景、工作经历以及为什么选择成为一名数据分析师。

提示词：你好，我叫小赵，是 ×× 大学 2025 届毕业生。我的专业是大数据管理，我大学成绩优异，熟悉各种数据的处理和分析技术。在过去的实习经历中，我曾在一家互联网公司担任数据分析实习生，负责数据收集和整理，通过数据分析帮助公司优化产品设计和市场推广策略。

AIGC 工具生成内容如下所示。

非常感谢你的介绍，小赵。那么，你在实习期间具体使用了哪些数据分析工具和技术呢？请详细介绍一下你的经验和技能。

「进阶阅读」

文心一言的主要功能

文本生成：根据用户提供的主题或需求，从自然语言文本中生成相关内容。

文本分类：根据文本内容将其归类到预定义的类别中。

实体识别：识别文本中的实体名词，如人名、地名、组织机构等。

命名实体识别：识别文本中具有特定意义的实体名词，如人名、地名、组织机构名等，并将其归类到相应的类别中。

情感分析：分析文本中所表达的情感，如积极、消极或中立等。

摘要生成：从给定的文本中提取主要信息，并生成简短的摘要。

文本翻译：将文本从一种语言翻译成另一种语言。

问答系统：根据用户提出的问题，从文本中搜索相关信息并返回相关答案。

（资料来源：唐磊. 文心一言：你的百倍增效工作神器 [M]. 北京：中国纺织出版社，2024.）

三、优化润色

除了直接生成文本内容，写作类 AIGG 工具还支持对文本进行优化和润色，这是 AIGC 在文本质量提升方面的应用。AIGC 工具可对文本进行语句校对、风格调整、缩写和扩写等操作，从而使文本更加流畅、易读。这一功能相当于承担“编辑校对”的工作，可极大地节省创作者的写作时间与精力。表 5-3 所示为优化润色的具体应用场景。

表 5-3 优化润色的具体应用场景

场景	描述
语句校对	检查文本中的语法错误、拼写错误和标点符号使用不当等问题，并提供相应的修正建议

续表

场景	描述
风格调整	根据用户的需求或特定场合的要求，对文本的语言风格进行调整。例如，AIGC工具可将文本从正式风格调整为轻松幽默的风格，或者将科技专业术语转换为通俗易懂的语言
缩写和扩写	根据文本内容自动进行缩写或扩写。对于长篇文本，AIGC 工具可以智能地提炼出关键点，将文本压缩为简洁明了的概要；对于简短的内容，AIGC 工具能够补充细节，扩展文本的内容和深度。
内容优化	除了基本的校对和风格调整，AIGC 工具可以对文本的内容进行优化。例如分析文本的逻辑结构和语言表达，提供优化建议，使文本更加连贯、有说服力。

利用 AIGC 工具可以节省校对与优化文本的时间，下面是一则利用 AIGC 工具修改语病与错别字的案例。

提示词：请你修改下面这段文字中出现的语法与字词错误。

“我昨天买了一些水果，有苹果、香蕉，和橙子。然后我去公园玩儿，看到了许多花儿和小鸟儿，它们非常漂亮和可爱。我真的很高兴，今天真是一个美好的天啊。”

修改后的内容如下。

“我昨天买了一些水果，有苹果、香蕉和橙子。然后我去公园玩，看到了许多花和小鸟，它们非常漂亮、可爱。我真的很高兴，昨天真是美好的一天。”

四、语言翻译

AIGC 工具的语言翻译功能是指利用人工智能和机器学习技术，实现不同语言之间的自动翻译。这一功能在全球化日益加速的今天显得尤为重要。AIGC 工具不仅能够快速地将一种语言转换为另一种语言，还能保持原文的语义、语调和风格，使翻译结果更加准确、自然。对比传统翻译工具，AIGC 工具显得更加灵活、强大。

下面的案例中，AIGG 工具准确地翻译了散文名篇《雅舍》，仅用数秒钟。

提示词：请你将下面这段话翻译成英文。

“雅舍”的位置在半山腰，下距马路有七八十层的土阶。前面是阡陌螺旋的稻田。再远望过去是几抹葱翠的远山，旁边有高粱地，有竹林，有水池，有粪坑，后面是荒僻的榛莽未除的土山坡，若说地点荒凉，则月明之夕，或风雨之日，亦常有客到，大抵好友不嫌路远，路远乃见情谊。客来则先爬几十级的土阶，进得屋来仍须上坡，因为屋内地板乃依山势而铺，一面高，一面低，坡度甚大。客来无不惊叹，我则久而安之，每日由书房走到饭厅是上坡，饭后鼓腹而出是下坡，亦不觉有大不便处。

AIGC 工具生成内容如下所示。

The “Elegant Cottage” is situated halfway up a hill, with about seventy to eighty earth steps descending to the road below. In front lies a spiral pattern of rice paddies, and further in the distance are a few patches of verdant distant mountains. Nearby are sorghum fields, bamboo groves, ponds, and latrines. Behind it is a wild and uncultivated hillside with bushes and brambles. Although one might describe its location as desolate, on moonlit nights or rainy and windy days, guests often still arrive. Most likely, good friends do not mind the long journey, for it is the distance that reveals the depth of friendship. Upon arrival, guests invariably marvel at the place. For me, however, I have become accustomed to it over time. Every day, walking from my study to the dining room is uphill, while leaving the dining room after a meal with a full stomach is downhill. I do not find it particularly inconvenient.

任务二　图表类 AIGC 工具的应用场景

任务描述

在一家数据分析公司，年轻的数据分析师小周最近被安排负责一个复杂的项目报告。然而，面对繁杂的数据和紧迫的截止日期，小周感到有些力不从心。一天，他在行业论坛上偶然看到有人讨论图表类 AIGC 工具，这些工具能够自动生成各种图表，甚至可以根据数据特点推荐最适合的可视化方式。小周对这种“智能制图”的概念感到新奇，决定深入了解这些工具的应用场景。

任务分析

小周可以在各大在线教育平台搜索图表类 AIGC 工具的相关课程，这些课程通常从基础操作到高级应用都有覆盖，适合不同水平的学习者。此外，视频平台如 B 站、YouTube 等也有大量数据分析师分享的实操视频，这些视频往往更加直观易懂。

任务实施

一、表格

表格是数据处理和信息展示的关键工具，其重要性不言而喻。无论是企业管理、财务分析还是科研数据整理，表格都发挥着至关重要的作用。而图表类 AIGC 工具在 Excel 等表格领域的应用，极大地提升了内容整理的效率。

在制作与处理 Excel 表格时，AIGC 工具能在许多方面起到作用，如表 5-4 所示。

表 5-4　AIGC 工具在制作与处理 Excel 表格中的应用

类型	描述
根据内容生成表格	用户可通过口头指令或文字输入向 AIGC 工具描述数据结构或内容概要，由其理解这些指示并据此自动生成表格

续表

类型	描述
根据表格生成圈	AIGC 工具可根据表格内容自动生成不同类型的图，如饼状图、条形图、折线图等
自动生成公式	在面对复杂的数据计算或逻辑关系时，AIGC 工具可智能识别表格中的数据模式，并根据用户的需求自动插入恰当的 Excel 公式
快速处理表格	AIGC 工具可以帮助用户快速完成大量烦琐的数据清洗和格式化任务，如批量修改单元格格式、清理无效数据、统一格式、进行智能填充以解决诸如时间序列、序列编号等问题
快速统计	快速汇总数据，执行复杂的条件统计分析，例如用户可以请求 AIGC 工具对特定列按照多种条件分类计数、计算百分比、生成交叉表等
数据问答	用户可就表格内容与 AIGC 工具聊天，快速获得所需信息

这些由 AIGG 工具处理数据与表格的任务场景，都只需用户提供简单的文字提示词来操作。下面的案例展示了通过文心一言将一组数据快速生成表格。

提示词：

请将下面的内容整理为简洁直观的表格。

职员李四，工号 S002，基础工资 5 000 元，全勤奖 100 元，其他补贴 1 120 元。

职员王五，工号 S003，基础工资 5 000 元，全勤奖 100 元，其他补贴 1 030 元。

职员赵六，工号 S004，基础工资 5 000 元，全勤奖 100 元，其他补贴 950 元。

职员孙七，工号 S005，基础工资 5 000 元，全勤奖 100 元，其他补贴 1 000 元。

职员周八，工号 S006，基础工资 5 000 元，全勤奖 100 元，其他补贴 1 100 元。

AIGC 工具生成内容：

以下是基于您提供的信息整理的表格：

职员姓名	工号	基础工资（元）	全勤奖（元）	其他补贴（元）
李四	S002	5 000	100	1 120
王五	S003	5 000	100	1 030
赵六	S004	5 000	100	950
孙七	S005	5 000	100	1 000
周八	S006	5 000	100	1 100

包括文心一言在内的绝大部分写作类 AIGG 工具都支持生成表格，用户只需在提示词

中明确指令“请你以表格的形式……”。下面的提示词示例都能让 AIGC 工具生成表格。

我想成为一名教师，请你用表格的形式为我整理这个职业所需要的能力与素养。

请你为我制定一份大学生日常作息表，用表格的形式呈现。

二、图

图是一种可视化思维工具，通过形象的图形结构展现主题及其相关概念间的层级关系，帮助人们发散思考、整理文字或数字信息、增进记忆与理解力。常见的图有思维导图、鱼骨图、雷达图等。AIGC 工具在处理图中应用场景如表 5-5 所示。

表 5-5 AIGC 工具在处理图中的应用场景

类型	描述
自动生成图	用户输入一段文字等信息，AIGC 工具能够智能识别关键词、主题和子主题，自动生成相应的图
快速编辑与优化	在创建和编辑过程中，AIGC 工具能够辅助调整图的逻辑性与美观度
图表数据与图的转化	将表格转化为图，实现高效的数据分析与图像可视化

图 5-3 所示为利用 BoardMix，通过提示词快速生成思维导图的过程。

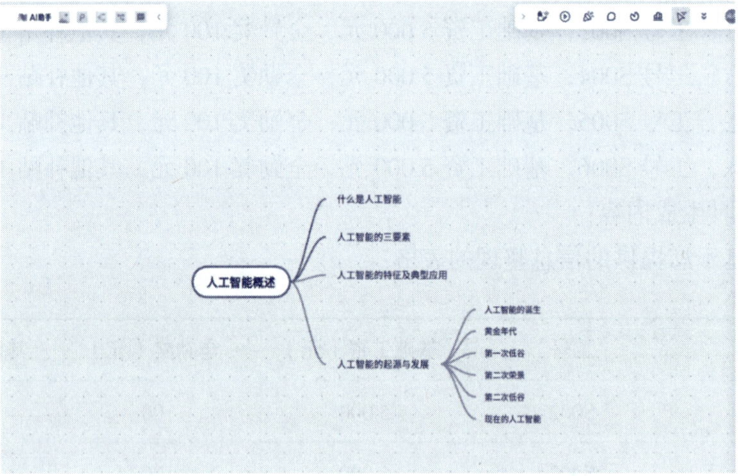

图 5-3 利用 AIGC 工具生成思维导图

「进阶阅读」

图表类 AIGC 工具举例

1. 文心一言

依托强大的自然语言处理能力，能生成多种图表，支持智能编辑与分享。

2. 百度文库 AI

可进行思维导图生成，支持读取文档。

3. TreeMind

新一代的思维导图软件。提供智能思维导图制作工具和丰富的模板，支持思维导图、逻辑图、鱼骨图、组织架构图、时间轴、时间线等多种专业格式。

4. 知犀 AI

一键生成思维导图的 AI 软件，还可以选中任意主题无限拓展灵感。支持随时随地在线生成、编辑、导出思维导图。

5. Sheet Chat

支持智能创建和编辑表格、生成图表、翻译内容，甚至可以与表格进行对话，获取洞察和帮助。

（资料来源：秋叶 . 和秋叶一起学 AIGC 应用实战［M］. 北京：人民邮电出版社，2024.）

任务三　演示文稿类 AIGC 工具的应用场景

任务描述

在一家创意公司，市场部的新人小张接到一个任务，需要为即将到来的产品发布会制作一份精彩的演示文稿。然而，他从未独立完成过这样的任务，面对空白的 PPT 页面，感到无从下手。偶然间，他在网上看到有人分享演示文稿类 AIGC 工具的介绍，这让他眼前一亮。他决定深入了解这些工具的应用场景。

任务分析

小张可以在各大在线教育平台上搜索相关的 AIGC 工具教程，这些平台提供了丰富的视频课程和实操演示，可以帮助小张直观了解 AIGC 工具的使用方法和技巧。

任务实施

一份完整的 PPT 通常需要保证足够的页数，每一页通常需要有标题、正文、图像等内容，因此制作 PPT 往往会耗费几小时到几天不等，而演示文稿类 AIGC 工具的出现让快速生成与处理 PPT 成为可能。

一、生成 PPT

AIGG 的核心价值在于其能够从零开始自主生成内容，这一特点在 PPT 领域显得尤为突出。制作传统 PPT 通常需要花费大量的时间和精力，而演示文稿类 AIGC 工具可以根据用户提供的信息和提示词，在短时间内自动创建一份完整且优质的 PPT。这不仅大大提高了工作效率，还为用户提供了更多的创意和灵感，无疑为商务人士和教育工作者等广大用户带来了极大的便利。表 5-6 所示为演示文稿类 AIGC 工具生成 PPT 的几种主要方式。

表 5-6　演示文稿类 AIGC 工具生成 PPT 的几种主要方式

方式	简介
已有大纲生成	用户提供完整的 PPT 大纲，演示文稿类 AIGC 工具根据大纲内容填充具体的 PPT 内容并进行设计
无大纲生成	用户不提供任何具体大纲，仅提供关键词或主题，演示文稿类 AIGC 工具自由发挥生成 PPT，注重内容的连贯性和创新性
根据文档文章生成	用户上传文档或输入文章，演示文稿类 AIGC 工具分析内容并提取关键信息，自动生成对应的 PPT，保留原文的逻辑结构和要点
根据思维导图生成	用户提供思维导图，演示文稿类 AIGC 工具根据思维导图的层级结构和内容自动生成对应的 PPT，便于直观展示思维逻辑

不同的演示文稿类 AIGG 工具可能支持的生成方式有所不同，用户需要根据自己的需求和工具的功能选择合适的方式生成 PPT。图 5-4 所示为 AiPPT 的生成界面，可以看到其支持 AI 智能生成和导入本地大纲两种生成方式。

二、编辑 PPT

演示文稿类 AIGC 工具在 PPT 编辑方面，不只限于从零开始生成内容，更展现出强大的智能编辑功能。通过这一工具，用户可以轻松地对已有 PPT 进行智能化修改和优化，包括调整布局、优化配色、改进文字表述等。利用演示文稿类 AIGC 工具编辑 PPT 的主要方式如表 5-7 所示。

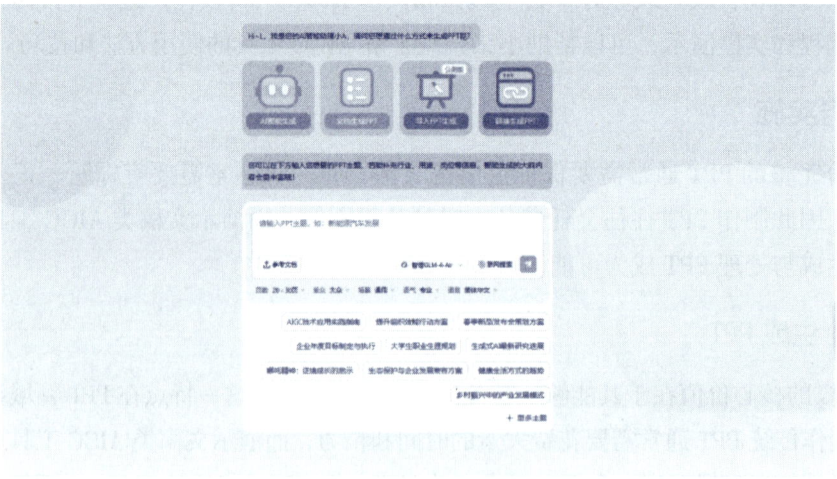

图 5-4　AiPPT 的生成界面

表 5-7　利用演示文稿类 AIGC 工具编辑 PPT 的主要方式

类型	描述
快速更换主题	轻松更换整个 PPT 的主题风格，无须逐页调整，实现整体视觉效果的快速统一
排版与编辑	根据提示词自动调整 PPT 布局，同时提供便捷的编辑工具，使用户能够轻松调整 PPT 细节，如字体、颜色等
扩写与简化内容	智能分析 PPT 中的文字内容，根据提示词进行扩写或简化信息，帮助用户更精准地传达意图
生成演示备注	基于 PPT 内容生成详细的演示备注，为演讲者提供有力支持

图 5-5 所示为 WPS AI 中的 PPT 编辑界面。

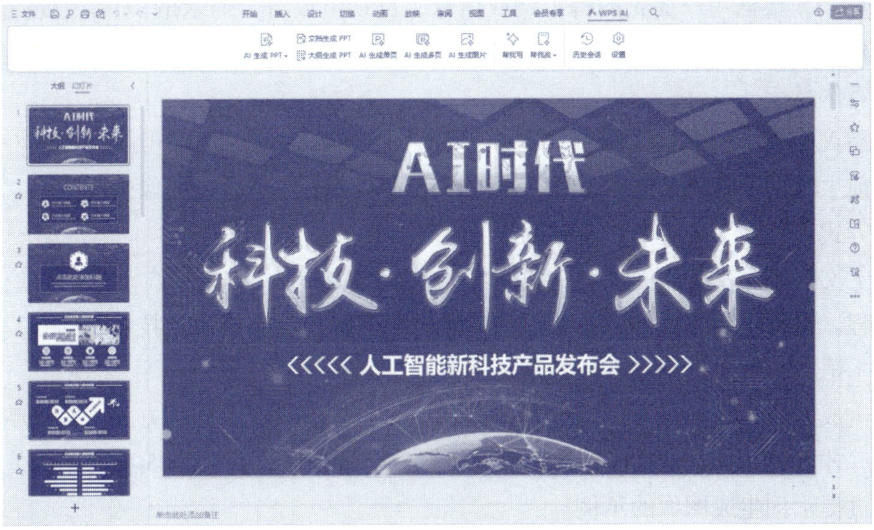

图 5-5　WPS AI 中的 PPT 编辑界面

任务四　图像类 AIGC 工具的应用场景

任务描述

小赵是一名平面设计师，最近接到一个紧急项目，需要为一家餐厅设计一套全新的宣传海报和菜单插画。然而，她手头的素材有限，时间又非常紧张，这让她感到有些焦虑。一天，她在设计论坛上看到有人讨论图像类 AIGC 工具的强大功能，这让她产生了浓厚的兴趣。

任务分析

图像类 AIGC 工具的官方文档通常包含详细的使用指南和案例库。小赵可以访问工具的官方网站，查阅官方文档，了解工具的基本操作和高级功能。同时，她也可以浏览官方案例库，查看其他设计师使用这些工具完成的优秀作品，从中汲取灵感。

任务实施

由于功能强大，图像类 AIGC 工具已广泛渗透到各类与图像相关的应用场景中，极大地提升了视觉内容创作的效率。这些工具的使用场景主要分为两大类：一类专注于从零开始生成全新的图像，另一类则致力于对现有图像进行智能化编辑与美化。本任务将详述这两种场景的具体应用情况。

一、图像生成

图像类 AIGC 工具的核心特色之一是其图像生成功能。这些工具利用深度学习和人工智能算法，根据用户提供的提示词或信息，自动生成符合需求的图像。无论是风景、人物、建筑还是抽象概念，图像类 AIGC 工具都能凭借强大的生成能力，迅速创作出独特的视觉作品。

1. 生成方式

目前主流的图像类 AIGG 工具是通过提示词生成图像与通过图像生成图像，一般将这两种方式简称为“文生图”与“图生图”。

（1）文生图。文生图是指通过输入一段文字描述，由 AI 模型自动生成对应视觉图像的过程。这种生成方式的核心在于将自然语言理解与计算机视觉技术相结合，构建能够从文本语义中解码出视觉特征的复杂模型。

此生成方式是目前最常用的方式，也是一种非常依赖提示词的方式。只有精心打磨提示词，才能让图像类 AIGC 工具理解并生成符合要求的图像。图 5-6 所示为使用通义万相通过提示词生成图像的示例。

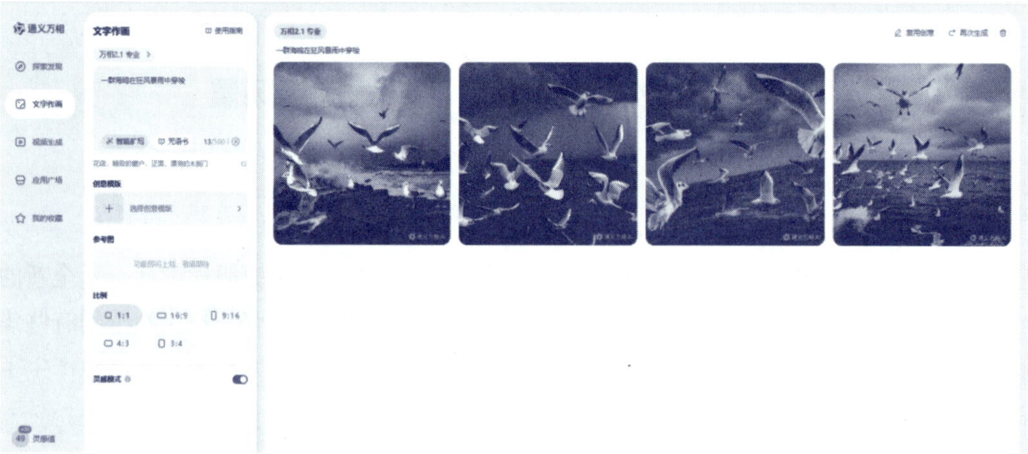

图 5-6　文生图示例

（2）图生图。图生图则是指以已有图像作为输入，通过 AI 算法对其进行编辑、转换或增强，从而生成新的图像。这一生成方式聚焦于在保持原始图像核心内容的同时，实现特定的编辑目标或风格变化。使用这一生成方式，需要用户自行准备图像并上传至图像类 AIGC 工具。图 5-7 所示为根据已有图像生成新图像的示例。

图 5-7 余生图示例

「进阶阅读」

AI 图像生成优缺点

AI 图像生成带给人们的不仅有视觉上的巨大冲击，也在突破和挑战人类的创造力。AI 图像生成的作品与人工画家作品对比来看，具有一些显而易见的优势。首先，AI 图像生成成品以现有图片的深度学习结果为基本元素，具有人工无法比较的海量素材，能批量产出同类元素风格的组图，费用低廉且高效快速，可依据参数进行无限次修改；AI 图像生成提供利用简单的字词或复杂语句描述生成让人惊叹的作品，这为大众打开了艺术殿堂，使得人们在用语言文字表达自我的基础上增添图像、视觉化展现自我的方式。同时，计算机模型的创新、更迭使得图像生成算法实现了短时间内质的飞跃，且之后仍有无限的发展空间。

AI 图像生成发展迅速，但仍有些缺点，创作过程中可能会出现低级的作画错误、元素杂乱等情况，使得用户预期和结果差距较大。若想得到高质量的 AI 作品，用户需要多次尝试或者有一定计算机基础才接近绘画预期，同时这也要求 AI 的学习程度、参照库和精准度需扩大和提高，提供的关键词应进一步优化。为此，AI 图像生成类软件和平台也在不断创新和发展。目前，Midjourney V5 已经能够解决画手的问题，且对光线、人物表情等细节也处理得更好。同时，能够部署在本地电脑的 Stable Diffusion 模型也可以结合插件、模型等解决 AI 画手的问题，如利用 Depth-Library 插件实现手部的定向绘制。

然而，对于AI图像生成成果，有些人认为作品呈现的精美画面视觉惊艳，但没有自主创新能力，让人无法产生情感的共鸣。AI图像生成可能还会造成中低端作品泛滥、贬值，若想生成产生共鸣、独具创意的作品仍需画家的情感倾注。

（资料来源：宋飞，张明瑶．虚拟现实语言教学资源建设研究［M］．哈尔滨：哈尔滨工业大学出版社，2023.）

2. 内容应用场景

图像类AIGC工具可生成多种类型的图像，能够被应用于几乎所有需要图像的领域。图像类AIGC工具在图像生成方面的应用场景如表5-8所示。

表5-8　图像类AIGC工具在图像生成方面的应用场景

场景分类	介绍	案例
艺术创作	利用AIGC工具生成艺术品，为艺术家提供灵感，辅助艺术家创作或独立生成作品	绘制一幅印象派风格的风景画，展现夕阳下的麦田与风车，可供展览或出售
广告与营销	生成吸引眼球的视觉素材，用于产品推广、社交媒体广告、海报设计等，提升品牌传播效果	生成一款新手机的产品渲染图，展示其多种配色、角度和使用场景，用于电商平台宣传
新闻与传媒	快速生成新闻配图、信息可视化内容，增强报道的视觉冲击力和信息传达效果	根据天气预报数据生成未来一周的全国气温分布地图，供新闻网站发布
教育与培训	生成教学示意图、卡通形象、交互式学习资源，提升教学内容的吸引力并降低其理解难度	制作一系列动物解剖结构图，标注关键部位名称，用于生物课程教材
游戏与娱乐	生成游戏内角色、场景、道具等美术资源，或者用于动态背景、特效设计，提升游戏体验	设计一套科幻主题的角色套装及武器模型，供玩家在大型多人在线游戏中选择使用
建筑与室内设计	快速绘制建筑设计方案、室内布局效果图，帮助客户预览和决策，提升设计沟通效率	根据设计师草图生成住宅楼外观三维渲染图，展示不同光照条件下的视觉效果
时尚与零售	设计服装款式、提供搭配建议、实现虚拟试衣，助力线上购物体验或为设计师提供灵感	为用户生成个性化服装搭配建议，包括上装、下装、配饰的组合及颜色搭配，用于电商平台推荐

续表

场景分类	介绍	案例
影视与动画	生成背景、角色、特效等动画元素，简化制作流程，降低制作成本，或者用于预可视化	创作一部短片的动画分镜，包括场景切换、角色动作、镜头移动等，用于导演前期策划

表 5-8 展示了 AIGC 在艺术、商业、教育、娱乐、建筑等多个领域的广泛应用潜力，而随着技术的不断进步，图像类 AIGC 工具的适用范围注定将持续扩大。

二、图像编辑与美化

图像编辑与美化是指运用 AIGG 工具完成图像处理任务，涵盖瑕疵修复、内容填充、风格迁移、对象识别与分离、图像增强、内容感知缩放等方面，如表 5-9 所示。

表 5-9　图像类 AIGC 工具在图像编辑与美化方面的应用场景

功能类别	介绍	案例
瑕疵修复	自动识别并去除图像中的噪点、划痕、污渍、红眼等缺陷，使画面更纯净	用于美颜等领域，快速消除人物面部的痘痘、皱纹、眼袋，实现平滑肌肤效果，提升肖像照质量
内容填充	基于周围像素信息智能填充图像中缺失的部分，如去除水印、物体移除后的填补等	移除照片中碍眼的电线杆，并自然填充背景
风格迁移	将源图像的艺术风格转化为另一种风格（如油画、素描、卡通等）	将普通风景照片转化为凡·高《星月夜》风格的油画
对象识别与分离	精确识别并分离图像中的特定对象，便于单独编辑或替换背景	提取照片中的人物，将其与原背景分离，以便将其置于新的背景环境中
图像增强	提高图像细节清晰度、降噪、增强弱光区域，尤其适用于低质量或老旧照片	提升老照片的清晰度，去除噪点，恢复暗部细节，使之焕然一新
内容感知缩放	在调整图像尺寸时保持重要细节完整，避免常规缩放导致的失真或质量下降	在缩小风景照片尺寸时，智能保留山脉、建筑等主体结构的清晰度，无明显失真

这些功能极大地简化了图像后期处理的工作流程，使得用户无须具备专业知识也能轻松提升图像质量和艺术表现力。图像类 AIGC 工具平台通常具备直观且用户友好的设计。它们通过图形界面和功能按钮，将复杂的图像处理算法封装在易用的界面元素中，让用户无须编写代码或使用特定提示词，只需通过点击、拖动、滑动等简单的交互方式，就能完成各种编辑和美化任务。美图秀秀的图像处理界面如图 5-8 所示，可以看到，只需上传图片并利用功能工具进行涂抹，就能实现图像的消除。

图 5-8　美图秀秀的图像处理界面

任务五　音乐类 AIGC 工具的应用场景

任务描述

在一家音乐制作公司，年轻的音乐制作人小王最近接到一个新项目，需要为一部短片创作背景音乐。然而，他最近灵感枯竭，面对空白的乐谱纸，感到无从下手。一天，他在音乐论坛上看到有人讨论音乐类 AIGC 工具的神奇功能，这让他产生了浓厚的兴趣。

任务分析

小王可以访问专业音乐制作软件和工具的官方网站，了解这些工具的最新功能、用户评价和案例分享。官方网站通常提供详细的软件介绍、使用指南和教程资源，有助于小王更全面地了解工具的性能和优势。

任务实施

音乐类 AIGC 工具的应用已深入音乐创作、教育、娱乐乃至专业制作等诸多领域，展现出了前所未有的广阔前景。从智能编曲、生成歌词，再到 AI 歌手模拟真声演绎歌曲，音乐类 AIGC 工具不仅革新了传统工作模式，更带来了全新的音乐应用场景。接下来，我们一同探索音乐类 AIGC 工具如何在不同场景下实施音乐创作。

一、音乐生成

AIGC 工具在音乐一键生成领域的应用，标志着音乐创作进入一个极为高效且智能的时代。音乐类 AIGC 工具运用机器学习和深度学习技术，分析大量的音乐数据，从中学习不同的音乐风格、旋律结构、和弦走向及节奏模式。用户只需输入特定的指令、情感描述或关键词，这些工具便能快速生成全新的原创音乐片段或完整的歌曲。

音乐生成的细分场景如表 5-10 所示。

表 5-10 音乐生成的细分场景

细分场景	功能描述
生成词曲编唱	自动创作歌词；AI 辅助作曲，生成旋律；编曲环节自动化，生成伴奏；歌声合成，无须真人演唱
生成纯音乐	根据用户指定的风格、情绪、速度等参数，自动生成无歌词的完整音乐作品
根据歌词生成歌曲	用户输入歌词文本，音乐类 AIGC 工具基于歌词内容和上下文生成相应的旋律和编曲

以上各场景体现了音乐类 AIGC 工具在不同维度的应用，这使得音乐创作变得更加灵活和普遍，无论是词曲一体化创作，还是专注于纯音乐的生成，或是依据歌词创作完整的歌曲，都变得更加便捷高效。

图 5-9 所示为 Suno AI 的音乐生成界面，可以看到该工具支持用户输入自己的歌词、选择音乐风格、修改音乐标题，以此生成完整音乐。

图 5-9 Suno AI 的音乐生成界面

「进阶阅读」

AI 音乐生成优缺点

AI 音乐生成速度快，质量高，能按个人喜好根据输入数据库中的类型创作个性化音乐，进行私人定制音乐，成本低，更新迭代快，但也有模式化明显、缺乏音乐美感的缺点。相比之下，人类作曲更具有共鸣度，但质量不稳定，发曲速度较慢，购买价格较高，所以 AI 音乐生成市场需求量大，发展前景好。当下，对于 AI 音乐生成能否取代人工作曲的问题仍有存疑，不可否认的是，人们可以试图把 AI 变为万能的工具，辅助音乐人作词创作，背靠海量资源进行试验，突破创新、生成风格多变、曲风各异的新作品。

（资料来源：宋飞，张明瑶．虚拟现实语言教学资源建设研究［M］．哈尔滨：哈尔滨工业大学出版社，2023.）

二、音乐编辑

音乐编辑是一种借助 AI 技术辅导创作者优化和调整作品的过程。这类 AIGC 工具能够智能分析音频素材，识别音乐的结构，提供自动化或半自动化的编辑建议。同时，它们还可以直接修改音乐元素（如旋律、和弦、节奏和混音效果等）或生成新的创意部分。

使用音乐编辑这一功能需要具备一定的乐理知识，因此它更适合有音乐基础的创作者。

以网易天音为例，其为音乐创作者提供的音乐编辑功能如表 5-11 所示。

表 5-11　网易天音的音乐编辑功能

功能模块	功能描述
自由创作	手动谱曲，个性化和弦编排，选择风格生成编曲作品
基于曲谱创作	海量经典曲谱直接导入，快速生成编曲
上传作曲	上传 MIDI，AIGC 工具基于 MIDI 匹配生成可编辑的编曲

注：乐器数字接口（Musical Instrument Digital Interface，MIDI），一组能表示音乐参数的代码，用于让计算机理解各类音乐参数。

这些功能使得音乐创作者能借助音乐类 AIGG 工具实现高效的音乐编辑和创作，快速将自己的音乐想法落地。用户可以登录网易天音的网站后，在线体验这些功能。图 5-10 所示为网易天音的音乐编辑功能界面。

图 5-10　网易天音的音乐编辑功能界面

任务六　视频类 AIGC 工具的应用场景

任务描述

在一个忙碌的创意工作室里，视频编辑小赵最近接到一个紧急任务——为公司制作一部宣传视频。然而，他手头的素材有限，且时间紧迫，让他感到压力山大。一天，他在行业群里看到有人讨论视频类 AIGC 工具的神奇功能，这让他眼前一亮，决定深入了解这些工具的应用场景。

任务分析

小赵可以访问视频类 AIGC 工具的官方网站，阅读官方文档和教程，了解工具的具体操作步骤和最佳实践。如果可能的话，尝试下载和试用一些视频类 AIGC 工具，亲身体验它们的功能和效果。

任务实施

视频类 AIGC 工具的应用正逐步渗透到影视制作、在线教育、广告营销及日常娱乐等多个领域，展现出令人瞩目的应用潜力。具体来讲，这类工具在视频生成和视频编辑两大领域取得了革命性进步。从智能生成、配音、剪辑到 AI 数字人，视频类 AIGC 工具可谓颠覆了传统视频制作流程。下面将深入介绍其各个应用场景。

一、视频生成

视频生成指将文字或图片等内容直接转化为动态视频的功能。借助先进的深度学习技术，AIGC 工具能够准确理解用户输入的文字或图片信息，并将其转化为生动逼真的动态视频。无论是创作一部短片、设计一段广告，还是生成个性化的动态海报，AIGC

工具都能轻松应对，并且省去传统视频拍摄的全部烦琐工作。

（一）文字生成视频

文字生成视频指通过提示词文本命令 AIGC 工具直接生成视频内容的生成方式。用户只需输入一段描述性的文字，它便能理解其意图，并据此生成与之匹配的视频内容。

这种方法只需构思并设计提示词，无须准备其他的图片或视频素材，因此是一种非常便捷且高效的生成方式。这样的方式使 AIGC 工具能够充分利用其理解和合成能力，创作出既与提示词相符又富有创意的视频。

图 5-11 所示为输入提示词“清晨阳光照进森林。”后生成的视频截图。

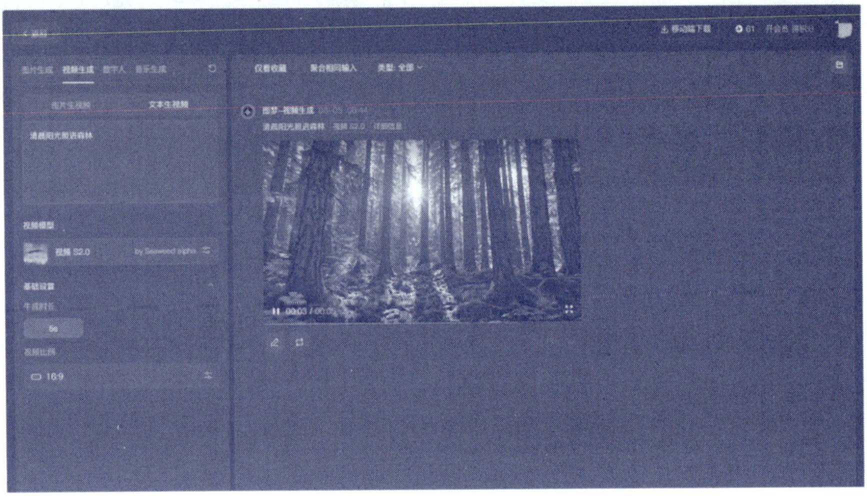

图 5-11　文字生成视频截图

（二）图片生成视频

图片生成视频技术利用 AIGC 工具将静态的图片转化为动态的视频。使用这一功能需要用户上传已有图片，AIGC 工具将根据图片里的内容元素进行理解与合成，使图片元素运动起来。

与文字生成视频不同，通过图片进行生成自然就需要用户提前准备好图片资源。在准备图片资源的基础上，用户可自行选择是否需要用文字提示词加以辅助。表 5-12 所示为图片生成视频的两种细分场景。

表 5-12　图片生成视频的两种细分场景

细分场景	功能描述
文字＋图片生成	上传图片，同时使用提示词加以描述，辅助图片生成更符合预期也更具变化性的视频
纯图片生成	仅上传图片，不借助提示词，让 AIGC 工具自行读取图片内容并生成视频

两种细分场景各有其用处。利用提示词辅助生成视频的示意图如图 5-12 所示。可以看到，用户输入一张已有图片，并输入辅助提示词“大雪过后，阳光照射大地，白雪在阳光的照耀下闪耀着晶莹的光芒，整个世界仿佛都被染上了一层淡淡的金色”，AIGC 工具便根据原有图像的构图和提示词生成了一条有阳光照射动态效果的视频。

图 5-12　利用提示词辅助生成视频的示意图

二、视频编辑

视频类 AIGC 工具的另一大应用场景便是视频编辑，这是指对原有的视频素材进行高效二次编辑，包括智能剪辑、智能字幕生成、人脸识别和物体跟踪、数字人播报等。这些功能都大大简化了原本复杂的视频编辑步骤。下面将举例讲解常见的视频编辑功能。

（一）智能剪辑

智能剪辑是视频编辑中一种重要的功能，它利用深度学习和计算机视觉技术，对视频内容进行智能分析和自动处理。

在视频智能剪辑过程中，AIGC 工具能够自动识别视频中的关键帧、场景切换和动作序列，根据预设的剪辑规则和用户输入的提示词，进行精准而高效的剪辑操作。除了基本的剪辑功能，智能剪辑技术还支持智能配乐、智能调色等高级功能，能够根据视频内容自动生成匹配的背景音乐，提供虚拟配音，提升视频的整体观感。

目前，包括腾讯智影、一帧秒创、剪映在内的视频类 AIGC 工具的功能大同小异，掌握一款往往可触类旁通。以腾讯智影为例，其文章转视频的功能区如图 5-13 所示。

图 5-13 腾讯智影的文章转视频的功能区

该工具包括 3 个功能区域。

1. 主题输入区

主题输入区即用户输入视频标题、主题、核心内容的区域。用户只需在此输入简短的主题提示词，该工具就能自动生成长段文章来作为视频文案与口播依据。

2. 文案输入区

文案输入区是用于生成、输入和编辑视频文案的部分。用户在主题输入区输入主题后生成的文案会显示在这里。同时，用户也可以自行准备文本并将其复制粘贴到该区域。

此区域还支持 AI 改写功能，支持对文章内容进行润色、改写、缩写。

3. 内容编辑区

内容编辑区是编辑与调整视频形式的功能区，支持对素材匹配、成片类型、视频比例、背景音乐、数字人和音色朗读的修改与调整。

（1）素材匹配。AI 视频剪辑依赖于已有的素材来生成视频，因此素材匹配成为关键步骤。腾讯智影拥有丰富的素材，包括图像、视频片段、特效等。当用户上传文章并选择“文章转视频”功能时，腾讯智影会根据文章内容和用户设定的参数，从素材库中自动匹配最合适的素材来构建视频。用户还可以手动调整或替换素材，以进一步优化视频效果。这种灵活的素材匹配方式，使得视频创作更加个性化和专业化。

（2）成片类型。成片类型影响视频的整体风格和展示方式。腾讯智影提供多种预设成片类型，包括新闻、纪录片和微电影风格等。用户可根据文章内容及目标观众选择适合的成片类型。腾讯智影会自动调整视频的节奏、转场效果和字幕样式，以实现理想的视觉效果。

（3）视频比例。视频比例是指视频的宽度和高度之比，常见的比例有 16∶9、9∶16、

4∶3 等。腾讯智影允许用户根据播放平台和需求灵活调整视频比例。例如，如果用户打算将视频发布到手机短视频平台，可以选择 9∶16 的竖屏比例；而如果用户是为电视或计算机屏幕制作视频，则可以选择 16∶9 的横屏比例。

（4）背景音乐。腾讯智影提供了丰富的背景音乐，涵盖多种风格和流派。用户可以根据视频内容和情感需求选择合适的背景音乐。同时，腾讯智影还支持用户自定义上传音乐，以满足其更个性化的需求。

（5）数字人。腾讯智影的数字人功能是一大特色。用户可以选择使用数字人作为视频中的主持人或解说员，为视频增添趣味性和科技感。数字人的形象、动作和表情都可以根据用户需求进行定制。

（6）音色朗读。腾讯智影为文章中的文字内容提供多种朗读音色选择。这些音色涵盖男声、女声和童声等，并且每种音色下还有不同的风格和语速可供用户选择。

编辑调整好以上所有参数后，“文章转视频”功能生成的视频会跳转到视频剪辑的剪辑窗口，以便用户充分发挥主观能动性，自行替换素材、二次剪辑。

（二）其他 AI 视频编辑功能

在视频编辑领域中，智能剪辑和数字人播报以其独特功能和颠覆性效果成为最为亮眼的 AI 功能。在这两种功能之外，仍有其他 AI 功能可为视频编辑提供便捷。

（1）文本配音。文本配音是 AIGC 工具在视频编辑中的重要应用，它能够将用户输入的文本转化为自然流畅的语音。用户只需提供文本内容，AIGC 工具会根据选定的语言、语言风格（如男声、女声、儿童声、专业播音员声等）、语速、语调和情感色彩（如高兴、悲伤、严肃等）自动生成高质量的配音音频。这种功能极大地简化了配音制作过程，节省了聘请专业配音人员的成本和时间，尤其适用于教育视频、产品演示、解说短片、自媒体内容等场景。腾讯智影的文本配音界面如图 5–14 所示。

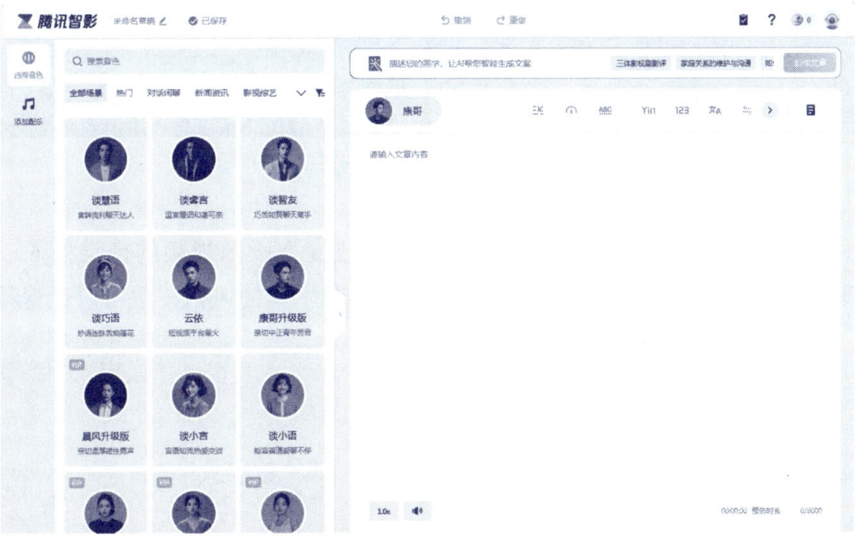

图 5–14　腾讯智影的文本配音界面

（2）自动字幕。自动字幕功能利用 AIGC 工具的语音识别技术，能实时或批量地将视频中的对话或解说转换成文字，并自动生成精准匹配的视频字幕。腾讯智影的“字幕识别”功能如图 5-15 所示。

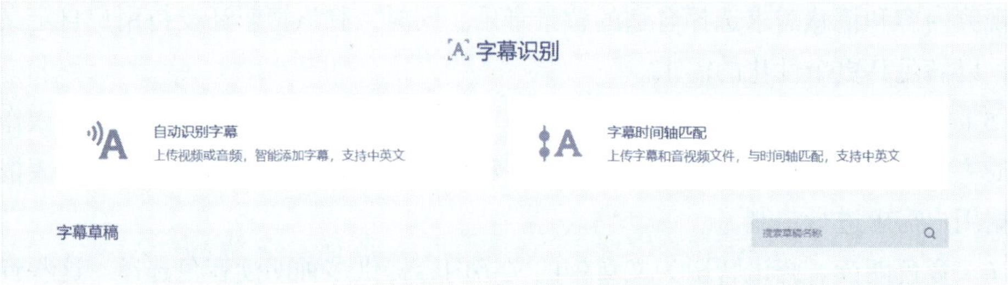

图 5-15　腾讯智影的“字幕识别”功能

（3）视频智能抠图。视频智能抠图功能运用深度学习和计算机视觉技术，能够自动识别并精确提取视频帧中的人物、物体或特定区域。这项功能使得用户无须手动逐帧操作，即可快速完成复杂的抠像任务，如更换背景、合成特效、去除水印、分离前景与背景等。图 5-16 所示为剪映的智能抠图示意图。

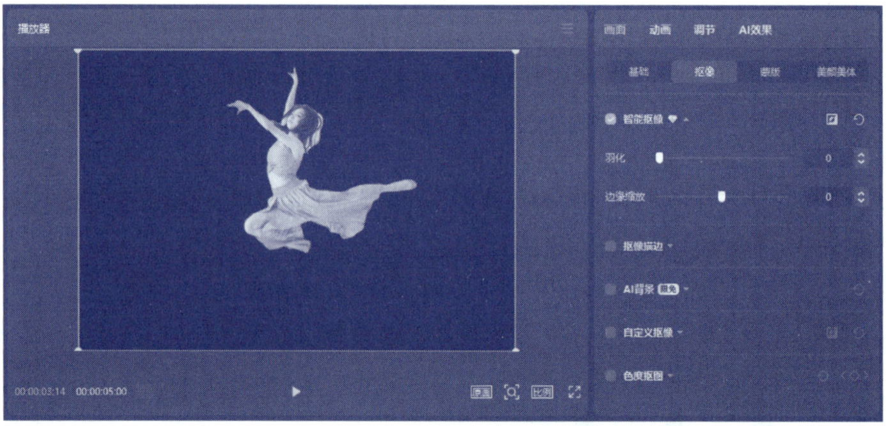

图 5-16　剪映的智能抠图示意图

（4）视频风格转换。视频风格转换功能可以改变一段源视频的视觉特征，包括色彩、纹理、光照和画风等。这种转换可以模拟知名艺术家的风格，也可以让视频呈现黑白电影、动漫、素描、油画或复古滤镜等效果。

三、数字人

在 AI 视频领域，不得不提到一个特殊的功能，即“数字人”。

（一）数字人的定义

数字人是一种结合了人工智能、机器学习、自然语言处理和三维建模技术的创新应用软件与服务。它可以生成高度拟人化且智能的虚拟形象，以满足多种场景的需求。这些工具的核心能力在于构建和训练能够模仿人类表情、动作、声音乃至情绪反应的数字模型，进而实现与用户的自然交互。

在实际应用中，数字人可用于创建定制化的虚拟客服、虚拟主播、在线教育讲师、虚拟偶像等角色，大大拓展了传统的媒体传播、教育培训、娱乐社交等领域。例如，用户能够通过输入文本或语音指令来操控数字人完成知识讲解、产品推广、客户服务等工作，或者通过上传个人照片、视频，借助 AIGC 技术生成与本人相似度极高的数字替身，实现个性化的数字内容输出。

此外，部分高级的数字人还能实时捕捉并模拟真人面部表情、肢体动作，使得虚拟形象的表现更为生动真实。同时，结合大数据分析和深度学习算法，数字人还可以不断优化交流策略和内容生成，以适应不同用户群体的需求和反馈，从而在各行各业发挥出重要作用。

（二）数字人的应用

数字人播报的核心是虚拟数字主播。数字人可以设计成各种性别、年龄和职业形象，以适应不同的应用场景和用户偏好。

用户在输入文本后，AIGC 工具会将其转换成自然且富有情感的语音，模拟真实人类的说话节奏、韵律和语气，甚至涵盖停顿、重音和笑声等细节，从而增强表达的真实性。

腾讯智影的数字人播报界面如图 5-17 所示。

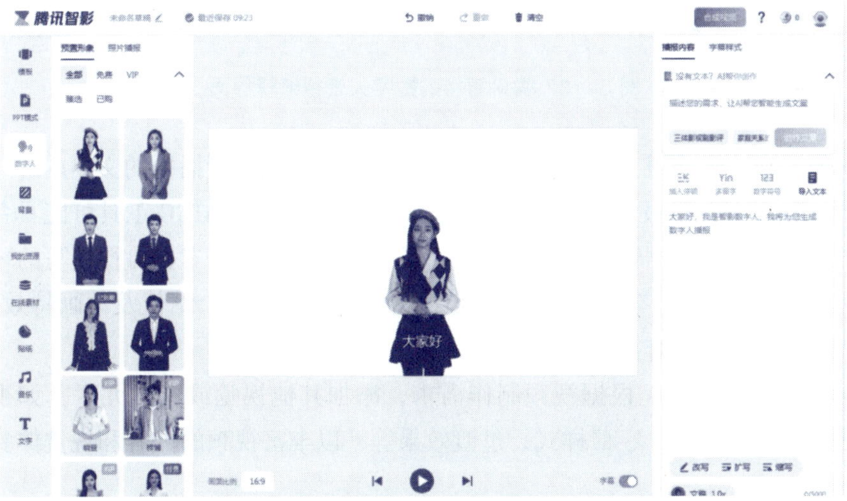

图 5-17　腾讯智影的数字人播报界面

腾讯智影的数字人播报功能支持用户选择数字人形象、播报模板、播报背景、背景音乐和播报文案等。

使用数字人相关功能一般需遵从以下步骤。

（1）选择平台。选择并登录你所选的视频类 AIGC 工具服务平台，比如腾讯智影或其他提供数字人播报功能的软件或网站；请确保已注册账号并能够访问相关功能。

（2）进入数字人模块。在工具主界面找到并单击“数字人播报”“虚拟主播”或类似的选项，进入专门的数字人制作工作区。

（3）选择并编辑数字人形象。浏览平台提供的数字人库，选择符合项目需求的虚拟主播。考虑因素包括性别、年龄、风格（正式、休闲、卡通等）、语言、声音特质（如亲和力、权威性等）、语速。部分平台可能允许用户自定义数字人的外貌特征或购买或上传特定的数字人模型。腾讯智影的数字人音色编辑界面如图 5-18 所示。

图 5-18 腾讯智影的数字人音色编辑界面

（4）导入或生成播报文本。导入或创建需要由数字人进行播报的文本内容，确保文本的准确性以及符合播报风格和目标受众需求。有些视频类 AIGC 工具可能具备文本生成的功能，用户可以根据输入的主题直接生成播报文本，从而省去自行撰写的环节。

（5）配置视觉呈现。定制数字人的背景图片、背景音乐、站位及动画特效等要素，确保呈现风格与视频内容主题一致。

（6）添加额外元素。根据视频制作需求，添加其他视觉或音频元素，如视频、图像、图表、音乐、音效、字幕样式、过渡效果等，以丰富视频的内容和观赏体验。

「德技并修」

“人工智能 +”行动赋能千行百业

人工智能作为引领新一轮科技革命和产业变革的战略性技术，正深刻改变着人类生产生活方式。“人工智能+”注重把人工智能技术与各行各业、各种应用场景深度融合，将技术的突破性进展与国家产业升级需求紧密结合，对于推动经济高质量发展具有重要意义。

提升效率质量

强调“人工智能+”，核心在于人工智能具备典型通用技术特征，与各领域结合时，能突破传统发展瓶颈，以智能算法、数据分析等方式优化流程、提升效率，催生新模式、新业态，培育新质生产力。

要素资源集聚

我国已初步建成较为全面的人工智能产业体系，产业链覆盖芯片、算法、数据、平台、应用等关键环节，在技术创新、产业培育、要素集聚、应用赋能等方面取得较好发展。

截至2024年底，我国成为全球人工智能专利最大拥有国，占比高达60%，制定了40余项行业关键标准和10余项国际标准。全国共有300多款生成式人工智能服务完成备案，开发者数量突破940万。人工智能大模型在电子、原材料、消费品等行业加快落地，在研发设计、中试验证、生产制造、运营管理等环节得到应用。

坚持应用导向

发展“人工智能+”尤其要坚持应用导向，这是技术转化为生产力的关键，也是推动产业升级的重要路径。

（资料来源：人民网．“人工智能+”行动赋能千行百业.2025-06-01.内容有删减.）

项目小结

本项目主要介绍了AIGC技术在多个领域的广泛应用场景及其带来的创新与变革。首先介绍了写作类AIGC工具在文章文案创作、对话互动、文本优化润色和语言翻译方面的应用，展示了其如何提升创作效率和内容质量；其次介绍了图表类AIGC工具在表格生成、数据可视化和图形化思维方面的功能，体现了其在数据处理和信息展示中的高效性；接着介绍了演示文稿类AIGC工具在PPT生成与编辑中的智能化应用，帮助用户快速制作高质量的演示文稿；最后介绍了图像、音乐和视频类AIGC工具在内容生成、编辑与优化方面的强大功能，揭示了其在创意设计和多媒体制作中的巨大潜力。通过本项目的学习，读者能够全面了解AIGC技术在不同领域的具体应用方式，掌握如何利用这些工具提升工作效率、激发创意潜能，并探索其在实际工作与生活中的广泛应用前景。

项目工单

请根据本项目所学知识，完成下面的实训内容（见表5-13）。

表 5–13 项目工单

任务名称	任务描述	任务要求
AI 图表工具在数据分析与可视化中的应用	本任务要求利用 AI 图表工具，对给定数据集进行分析，并生成表格、图表和思维导图，以提升数据整理和可视化的效率。	1. 提供一组包含销售数据、成本数据和利润数据的表格，使用 AI 图表工具生成对应的饼图、柱状图和折线图； 2. 根据提供的企业年度报告数据，生成一份完整的表格并进行快速统计分析，如计算平均值、最大值和最小值； 3. 根据一段关于产品生命周期的描述，自动生成思维导图，展示各阶段的关联和关键信息； 4. 将生成的图表和思维导图导出为可交互文件，并撰写使用 AI 图表工具的体会。
AI 创意工具在多媒体内容创作中的应用	本任务要求分别使用 AI 图像生成、音乐创作和视频编辑工具，完成指定的创意内容生成任务，探索 AIGC 工具在艺术创作中的潜力。	1. 使用 AI 图像生成工具，根据提示词“未来城市的夜景”生成一幅图像，并对生成结果进行简要评价； 2. 使用 AI 音乐工具，根据输入的歌词“阳光总在风雨后”生成一段完整的歌曲，并导出音频文件； 3. 选择一张静态风景图片，使用 AI 视频工具生成一段动态视频，并添加背景音乐和字幕； 4. 使用 AI 视频编辑工具中的数字人功能，制作一段虚拟主播播报视频，内容自定。

课后练习

一、填空题

1. AIGC 技术在写作领域的应用包括文章文案创作、对话互动、文本优化润色和____________。

2. 图表类 AIGC 工具可以根据用户输入的内容自动生成表格，并且能够根据表格内容生成不同类型的____________，如饼状图、条形图、折线图等。

3. 演示文稿类 AIGC 工具可以根据用户提供的____________、关键词或主题，自动生成完整的 PPT。

4. 图像类 AIGC 工具的生成方式主要分为“文生图”和“____________”，其中“文生图”是通过文字描述生成图像。

5. 音乐类 AIGC 工具可以实现生成词曲编唱、生成纯音乐、根据歌词生成歌曲等功能，其中生成纯音乐是指根据用户指定的____________、情绪、速度等参数生成无歌词的完整音乐作品。

6. 视频类 AIGC 工具的视频生成功能包括文字生成视频和____________生成视频，其中文字生成视频是通过输入描述性文字直接生成视频内容。

7. 数字人是一种结合了人工智能、机器学习、自然语言处理和____________技术的创新应用软件与服务，可以生成高度拟人化的虚拟形象。

二、简答题

1. AIGC 工具在写作类应用中的“对话互动”场景有哪些具体应用？
2. 图表类 AIGC 工具在处理 Excel 表格时有哪些主要功能？
3. 视频类 AIGC 工具在视频编辑中的“智能剪辑”功能有哪些特点？

项目六　智能机器人

项目导读

本项目主要介绍智能机器人及其相关技术的发展历程、基本概念和应用领域。通过对机器人的历史演变、定义以及关键技术的深入分析，帮助学生全面了解智能机器人在现代社会中的重要性和影响力。

学习目标

知识目标

1. 理解机器人的基本概念及其发展历史。

2. 掌握智能机器人的关键技术，包括智能感知、智能导航、智能控制与操作、智能交互等。

3. 了解智能机器人在各个行业的应用现状及未来发展趋势。

技能目标

1. 能够运用所学知识分析不同类型机器人的功能与应用场景。

2. 掌握基本的机器人技术原理，能够进行简单的机器人设计与编程。

3. 提高信息检索能力，能够查找并分析相关的研究报告和学术论文。

素质目标

1. 培养对科技创新的敏感性，增强对智能机器人技术的兴趣与探索精神。

2. 促进团队合作能力，通过小组讨论和项目合作，提升沟通与协作技能。

3. 培养批判性思维能力，能够对智能机器人技术的社会影响进行独立思考与分析。

课程目标

1. 引导学生认识科技进步对社会发展的重要性，树立正确的科技观和价值观。

2. 培养学生的社会责任感，关注智能机器人技术在促进社会发展的同时可能带来的伦理与道德问题。

3. 激励学生积极参与科技创新，关注国家在人工智能和机器人领域的发展战略，增强民族自豪感。

思维导图

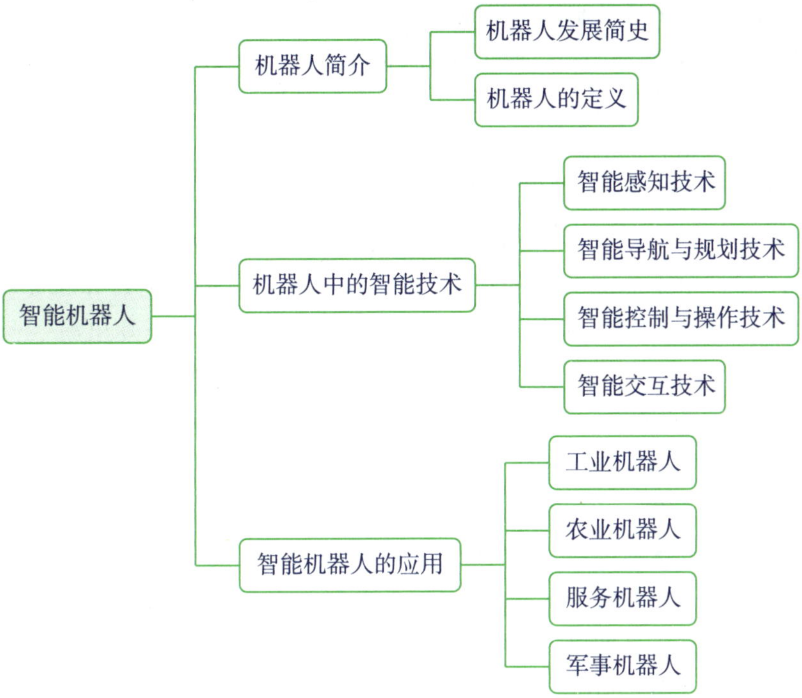

任务一 机器人简介

任务描述

小李在浏览新闻时，看到一篇关于机器人应用的报道。文章提到，越来越多的行业开始用机器人代替人工，从制造业到医疗行业，甚至在家庭中，机器人正在逐渐改变我们的生活方式。小李感到非常惊讶，心中涌现出许多问题："机器人到底是什么？它们是如何工作的？为什么越来越多的行业选择使用机器人？"这些问题在小李的脑海中不断回响。为了寻找答案，小李决定深入了解机器人。

任务分析

深入了解机器人需要从机器人的发展开始，了解其应用技术的进步，其次可以通过各专家、学者对机器人的定义加以了解。

任务实施

一、机器人发展简史

早在西周时期，我国的能工巧匠偃师就研制出了能歌善舞的伶人，这是我国最早记载于文献中的“机器人”。到春秋后期，鲁班制造过一只木鸟，能在空中飞行“三日不下”。汉代，张衡发明计里鼓车，每行一里，车上木人击鼓一下，每行十里击钟一下。三国时期，蜀汉丞相诸葛亮制作木牛流马，并用其运送军粮，支援前方战争。工业革命之后，人类进入蒸汽时代，这一时期主要依靠机械传动来实现机器的自动往复运动。随着数控技术和计算机技术的进步，机器人进入电气时代。进入互联网时代后，机器人之间能够实现协同控制。

机器人的英文是 Robot，其得名已超过 100 年。1920 年，捷克作家卡雷尔·恰佩克（Karel Capek）在科幻剧本《罗萨姆的万能机器人》（*Rossum's Universal Robots*）中使用了 Robota 一词，Robota 是奴隶的意思。在剧本中，作者把捷克语 Robota 写成 Robot，被当成机器人一词的起源。1954 年，德沃尔（George Deval）开发出第一台可编程机器人。1958 年，Unimation 公司成立，并在第二年研制出了世界上第一台工业机器人 Unimate。1964 年，麻省理工学院、哈佛大学等成立人工智能研究所。1965 年，卡内基 – 梅隆大学成立机器人研究所。1967 年，第一台由 Unimation 公司生产的喷涂用机器人出口到日本。1968 年，第一台智能机器人 Shakey 在斯坦福大学研究所诞生，它是世界上第一台真正意义上的移动机器人，虽然移动得很慢。

从 20 世纪 80 年代开始，各种机器人公司陆续成立，并不断出现兼并和调整。1983 年，美国开始将机器人科学列入教学计划。1994 年，卡内基 – 梅隆大学利用 Dante 机器人探测阿拉斯加斯普尔火山并采集火山气体样本。1995 年，Intuitive Surgical 公司推出外科手术机器人。1997 年，NASA 的探险者登陆火星，并由旅行者机器人将拍摄的照片发回地球。

2000 年，Honda 公司推出第二代人形机器人 Asimo，Asimo 会拉提琴，曾经登台指挥交响乐团。Sony 公司推出人形机器人 Qiro，身高 54cm，重 5kg，可以跳舞、打拳。

2020 年 5—6 月，中国科学院沈阳自动化研究所主持研制的“海斗一号”全海深自主遥控潜水器在太平洋马里亚纳海沟成功完成了首次万米海试与试验性应用任务，最大下潜深度 10 907m，刷新我国潜水器最大下潜深度纪录，同时填补了我国万米作业型无人潜水器的空白。“海斗一号”共实现了 4 次万米下潜，创造了我国潜水器领域多项第一。

二、机器人的定义

机器人（见图 6–1）是集机械、电子、控制、计算机、传感器、人工智能等多个学科及前沿技术于一体的高端设备，是制造技术的制高点。机器人问世已有几十年，但对机器人的定义一直没有统一的意见。一个原因是机器人学科还在发展；另一个原因主要是因为机器人涉及人的概念，从而成为一个难以回答的哲学问题。正是由于机器人定义的模糊性，才有了广阔的想象和创造空间。随着机器人技术的迅猛发展和人工智能时代的到来，机器人的内容日益丰富，其定义也在不断完善和创新，以下介绍一些有代表性的定义。

图 6–1　机器人

日本机器人专家森政弘将机器人定义为一种具有移动性、个体性、智能性、通用性、半机械半人性、自动性、奴隶性 7 个特征的柔性机器。日本学者加藤一郎于 1967 年在日本第一届机器人学术会议上提出，机器人就是具有如下 3 个条件的机器：

（1）具有脑、手、脚三要素的个体。

（2）具有非接触传感器（如用眼、耳接收远方信息）和接触传感器。

（3）具有平衡觉和固有觉的传感器。

加藤一郎的定义强调了机器人应当模仿人，即它靠手进行作业，靠脚实现移动，靠脑完成统一指挥。非接触传感器和接触传感器相当于人的五官，使机器人能够识别外界环境，而平衡觉和固有觉则是机器人感知本身状态所不可缺少的感觉能力。

美国机器人协会对机器人的定义为：一种用于移动各种材料、零件、工具或专用装置，通过程序动作执行各种任务并具有编程能力的多功能操作机。美国国家标准局对机器人的定义为：一种能够进行编程并在自动控制下完成某些操作和移动作业任务或动作的机械装置。

我国对机器人的定义如下：机器人是一种自动化的机器，这种机器具备一些与人或生物相似的智能能力，包括感知能力、规划能力、动作能力、协同能力等。这非常接近人工智能本身的含义。这也说明，智能机器人体现了人工智能领域中的多种技术，是制造业皇冠顶端的明珠，其研发、制造、应用是衡量一个国家科技创新和高端制造业水平的重要标志之一。

根据机器人的发展阶段，可以将机器人分为以下 3 代：

第一代机器人是示教再现机器人，是一种主要的机器人类型。操作员手动引导机器人完成任务，并记录这些动作，以便机器人在后续能够重复执行相同的操作。早期的工业机器人大多属于这一类型。

第二代机器人是感知型机器人。

第三代机器人是智能机器人。这类机器人能够智能感知并对外部环境进行理解和认知，根据情况自主选择动作完成任务。

任务二　机器人中的智能技术

任务描述

小王在学校的科技展览会上，看到了一款最新的服务机器人。这款机器人不仅能够完成简单的清扫工作，还能与人进行互动，甚至能够识别周围的环境。他感到非常惊奇，心中涌现出许多问题："这个机器人是如何感知环境的？它是如何理解周围的事物的？"为了寻找答案，小王决定深入了解机器人中的智能技术。

任务分析

智能技术包括环境感知技术、人机交互技术等，了解机器人中的智能技术需要深入了解这些技术的原理和应用。

任务实施

最早的机器人主要用于工业领域，这就是工业机器人。除工业机器人外，还有农业机器人、服务机器人、军事机器人等。在人工智能时代，机器人将会走向何方呢？下面介绍机器人中的智能技术。

人工智能能够处理学习、感知、语言理解和逻辑推理等任务。机器人通常可以自主或半自主地执行一系列动作。由人工智能驱动的机器人被称为智能机器人。机器人、人工智能和智能机器人之间的关系如图 6–2 所示。

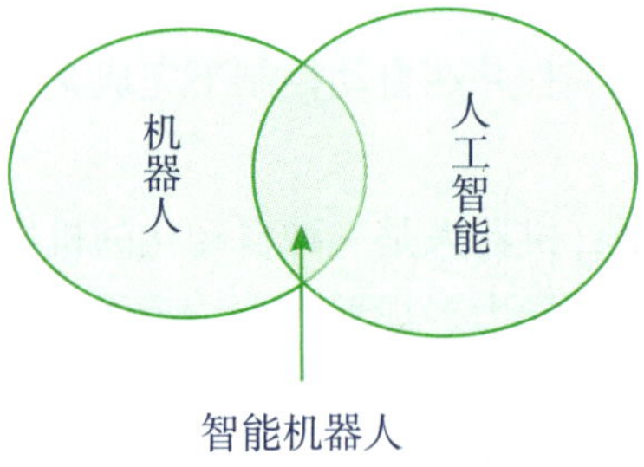

图 6–2　机器人、人工智能和智能机器人之间的关系

目前，对智能机器人的发展影响较大的关键技术主要包括智能感知技术、智能导航与规划技术、智能控制与操作技术、智能交互技术等。

一、智能感知技术

实现智能机器人的首要条件是机器人具有智能感知能力。传感器是能够感受被测量并按照一定规律将其变换成可用输出符号的电子器件和装置，是机器人获取外部环境信息的主要部分，其功能类似于人的五官。由于传感器应用十分广泛，2019 年全球传感器市场规模达到 1 521.1 亿美元，增长率为 9.2%。传感技术是关于从环境中获取信息并对之进行处理、变换和识别的多学科交叉的科学与工程技术。

人类获取的信息有 80% 以上来自视觉。因此，为机器人配备视觉系统也是非常必要的。在计算机视觉领域，外部环境中的三维物体通过摄像机转换为二维平面图像，经过图像处理后输出该物体的图像，从而使机器人能够识别物体并确定其位置。机器人判断物体的位置和形状一般需要两类信息：距离信息和明暗信息。机器人视觉的应用领域包括为机器人的动作控制提供视觉反馈、为移动式机器人提供视觉导航、机器人代替或辅助人进行质量控制和安全检查等。

人类皮肤触觉感受器接触机械刺激产生的感觉称为触觉。触觉是人类与外界环境直接接触时的重要感官功能。触觉智能使机器人能够通过触摸来识别物体的滑动并定位物体，预测抓取物体的成功率。触觉传感器是用于使机器人模仿人类触觉功能的设备。智能机器人中使用的触觉传感器主要包括接触觉传感器、压力觉传感器、滑觉传感器、接近觉传感器等。随着现代传感器技术、人工智能技术的进步，触觉传感器取得长足发展，但目前在机器人触觉感知方面的研究进展仍然远远落后于视觉感知和听觉感知。

听觉传感器是一种可以检测、测量并显示声音波形的传感器，广泛应用于日常生活、医疗、工业、军事等领域中，并且成为智能机器人发展所不能缺少的部分。听觉传感器用来接收声波，显示声音的振动图像。在某些环境中，要求机器人能够测知声音的音调、响度，能区分左右声源。在某些情况下，人们希望与机器进行语音交流，因此机器人需要具备人机对话功能。语音智能和自然语言处理技术在这一过程中发挥着重要作用。听觉传感器的存在使智能机器人能够更有效地完成交互任务。

就像人有五官一样，机器人也会有多种传感器，包括摄像机、激光雷达等。从视觉到听觉，从触觉到嗅觉，几乎所有传感器在智能机器人上都得到应用。对于同一个被观测的目标和场景，通过不同的方法和视角采集得到的互相耦合的多个数据样本。多传感器信息融合技术是把分布在不同位置的视觉、听觉、触觉等多个传感器所采集到的相关信息进行综合处理，以产生更全面、更准确的信息，消除多个传感器之间可能存在的冗余和不一致，降低不确定性，从而能够更准确地感知外部环境。基于多模态信息的感知与融合在智能机器人的应用中起着重要的作用。

二、智能导航与规划技术

人们尝试通过智能导航来解决机器人的安全问题，使其能够顺利完成各种服务和操作。智能机器人利用传感系统感知内部姿态和外部环境，通过识别、存储、搜索和处理外部环境信息，找出最优路径，实现与障碍物无碰撞的安全运动。

智能导航的主要任务是把环境感知、规划、决策、运动等多个模块高效地组合起来。导航方式包括惯性导航、视觉导航、卫星导航等。不同的导航方式适用于不同的环境，如室内环境和室外环境、简单环境和复杂环境等。

路径规划技术通过最优路径规划算法找到一条有效避开障碍物的最佳路径。机器人智能路径规划方法包括基于地图的全局路径规划、基于传感器的局部路径规划以及混合传感器路径规划等。

智能路径规划的核心是实现自动避撞。机器人智能避撞系统主要包括数据库、知识库、机器学习模块、推理机等。知识库是机器人智能避撞系统的核心组成部分。

「进阶阅读」

语音智能导航存在的问题

语音智能导航虽然发展和应用都非常迅速，但仍然存在一些问题没有解决。

1. 多轮语音搜索问题

现在的语音导航需要直接给出具体名称或者说出大概名称后手动选择。比如，一位老师要导航去某大学，对导航说出大学名后，导航在屏幕上给出该大学所有校区的列表，等待老师用手点击选择目的校区后才能完成搜索任务，紧接着开始导航。而理想的交互方式应该是同人类交流一般自然，先说出地名或某大学，然后导航进行搜索，并继续询问具体地名，如某大学的某个校区。

2. 延迟询问问题

如果仔细回忆自己打车的经历，大家是否上车后告诉司机大概地址，司机先把车开起来，进入某个平缓的地段，司机会询问具体要到哪里。现在的智能导航系统是“免责性”地确定地点，也就是说在启动前导航系统需要用户指定完整具体的目的地。

（资料来源：马苗，杨楷芳．人工智能概论［M］．西安：西安电子科技大学出版社，2023.）

三、智能控制与操作技术

随着传感技术以及人工智能技术的发展，智能运动控制和智能操作已成为机器人控制的主流技术。近年来，以人工神经网络和模糊逻辑为代表的智能理论与方法也应用到机器人的运动控制中。随着先进机械制造、人工智能等技术的日益成熟，机器人研究的关注点也从传统的工业机器人逐渐转向应用更广泛、智能化程度更高的服务机器人。

对于服务机器人而言，机械手臂系统执行各种灵巧操作是其基本任务之一。近年来，深度学习在计算机视觉等领域取得了显著进展，深度卷积神经网络已被应用于服务机器人的运动控制中，能够满足抓取操作的实时性需求。

四、智能交互技术

可以利用虚拟现实技术创建智能机器人的工作环境。基于可穿戴设备的人机交互，如 VR 头盔（见图 6–3），也正在逐渐改变人类的生产生活方式，实现人机和谐统一将会是未来的发展趋势。

图 6-3　VR 头盔

任务三　智能机器人的应用

任务描述

小李在浏览新闻时，看到一篇报道，标题写着“智能机器人生产量激增，未来工作方式将发生变革”。文章中提到，随着技术的进步，机器人正在被制造出来，用于各种行业和领域。小李被这个新闻深深吸引，他开始思考：“机器人究竟被应用到了哪些具体领域呢？它们是如何改变我们的工作和生活的？”他决定深入了解这个问题。

任务分析

小李可以通过阅读相关行业报告，了解近年来人们在机器人方面的创新有哪些，研究创新点与实际应用之间的结合情况。通过这些报告，他可以掌握机器人技术在各个领域的渗透程度。

任务实施

随着人工智能技术的发展，智能机器人的使用早已超出最初的工业机器人范畴，其应用越来越广泛，甚至包括写诗作词、水果采摘、做饭等。2017 年 7 月，我国自主研发的中高端大型“察打一体”无人机“彩虹 -5”正式进入批量生产阶段。2020 年 7 月，“彩虹 -5”无人机团队赶赴外场开展项目履约，执行密集飞行任务。2020 年 5 月至 6 月，“海斗一号”全海深自主遥控潜水器在马里亚纳海沟成功完成了首次万米海试与试验性应用任务。智能机器人就像毛主席在《水调歌头・重上井冈山》中说的那样：“可上九天揽月，可下五洋捉鳖。”

按照不同的应用领域，智能机器人可以分为工业机器人、农业机器人、服务机器人和军事机器人等。

一、工业机器人

工业机器人是一种多用途的、可重复编程的自动控制操作机，具有3个或更多可编程的轴，主要应用于工业自动化领域。目前，工业机器人的机械结构更加趋于标准化、自动化、模块化，功能越来越强大。工业机器人的应用领域已从汽车制造、电子制造、食品包装等传统领域转向新兴领域，包括新能源电池、高端装备、环保装备等。

装配机器人是自动化装配系统的核心设备，主要由机器人本体、控制器、末端执行器和传感系统组成。它们具有高精度、良好的柔顺性和较小的工作范围，能够与其他工业机器人协同工作，广泛应用于电器和汽车制造等领域。

应用于焊接的焊接机器人能够从事焊接、切割、喷涂等工作。工作时，焊接机器人按照操作者的规定进行作业，可实现无人值守，在提高工作效率的同时能避免人工操作的各种危险。

图6–4中左边是搬运机器人，可以进行自动化搬运作业。搬运机器人是自动控制领域的高新技术，涉及人工智能、计算机视觉、力学、机械学、自动控制、传感器等多学科领域。图6–4中右边是上海洋山港，是国内首个全自动化集装箱码头，也是全球综合全自动化程度最高的码头，其中运行着大量的自动引导运输车（Automated Guided Vehicle，AGV）。

图6–4　搬运机器人和上海洋山港

二、农业机器人

除传统的工业机器人外，农业也是机器人的用武之地。

图6–5是圣女果采摘机器人，这种机器人使用彩色摄像头作为视觉传感器，通过图像传感器检测出已经成熟的红色果实，然后对果实形状和位置进行精准定位，保证采摘时不会伤害果实。

图 6–5　采摘机器人

除了采摘果实，机器人还能进行除草和施肥。除草机器人配备摄像机和用于识别杂草、蔬菜及土壤图像的计算机组合装置，通过摄像机扫描和计算机图像分析技术来执行除草任务，如图 6–6 所示。

图 6–6　除草机器人

「进阶阅读」

农业机器人的特点

农业机器人之所以具有较高的生产率，是因为它可以在实际农业生产作业中真实模拟人的具体作业动作，在生产作业新型技术的辅助下，能替代人在不良环境条件下进行生产作业，提高农业生产作业质量。与传统的工业生产机器人相比，农业机器人在复杂多变的作业环境中，能通过感知信息和模拟行动进行作业生产，这是它所拥有的显著优势。

（1）作业对象复杂。与普通工业材料不同，农作物具有种类多、形状各异、易受损的特点，不同农作物的生长发育程度具有较大差异。农业机器人的作业对象是农作物，因此，在应用农业机器人时需要注意躲避农作物障碍，使用合适的操作力度，尽量减少对农作物的伤害，避免影响农作物的正常生长。

（2）作业环境多变。随着时间推移，农作物在天气、光照、湿度、温度等因素的影响下会不断生长发育，这就要求农业机器人必须具备适应开放性作业环境的性能。农业机器人不仅会受到作业场地、坡度、地形的影响，还容易受季节、大气湿度、光照等影响。由此可见，农业机器人除了应具备处理柔性农作物的能力，还应能适应不同作业自然环境条件，实现智能化视觉判别和知识推理等功能，便于生产应用。

（3）作业路线特殊。农业机器人的作业模式是移动前进的，一般行走路线要求覆盖整个田间面积，而且农作物之间的距离比较小，这就要求农业机器人的作业动作必须随时做出相应调整，体现出农业机器人的高度智能化和自动化。

（4）操作对象适用性。很多国家都十分注重农业机器人的研究开发和应用，尽管因为农业生产的技术特性和经济特性，农业机器人的适用并没有常规化，但是已经取得了十分可观的应用实效。在实际应用过程中，农业机器人主要用于嫁接、移栽、灌溉和喷洒农药、自动采摘等方面。

三、服务机器人

约瑟夫·恩格尔伯格（Joseph Engelberger）于 1958 年创立 Unimation 公司并研制出世界上第一台工业机器人 Unimate。他在 1983 年卖出 Unimation 公司并创建 TRC 公司，开始研制服务机器人。

面向第三产业和家庭用户的机器人都属于服务机器人。“护士助手”机器人是 TRC 公司的第一台服务机器人产品。它于 1985 年开始研制，1990 年上市，目前已在世界许多国家几十家医院投入使用。“护士助手”是自主式机器人，它不需要通过导线控制，也不需要事先作计划，一旦编好程序，随时可以完成各项任务。它能够完成的任务如下：

（1）运送医疗器材和设备。

（2）为病人送饭。

（3）送病历、报表及信件。

（4）运送药品。

（5）运送试验样品及试验结果。

（6）在医院内部运送邮件及包裹。

在种类繁多的家庭服务机器人中，最著名的可能就是扫地机器人了。扫地机器人有先进的导航定位系统，可以像人类一样构建清洁地图，自动清扫房间。扫地机器人一般可实现定时打扫，能够有效地避开障碍物。当它的电量不足时，会自动返回充电座进行充电。

医用机器人是用于医疗或辅助医疗的智能机器人。医用机器人种类很多，按照其用途，可以分为临床医疗用机器人、护理机器人、医用教学机器人和为残疾人服务的专用机器人等。智能陪护机器人能够陪伴家里的老人和小孩。它既能听懂人的语言，还可以与人进行交流，实现互动娱乐、健康监测等功能。

达·芬奇手术机器人是目前世界上最先进的用于外科手术的机器人。达·芬奇被认为是近代生理解剖学的始祖。达·芬奇手术机器人掌握了人体解剖知识，可以从解剖学入手研究人体各部分的构造。达·芬奇手术机器人由 3 部分组成：按人体工程学设计的医生控制台、4 只机械臂和高清三维医学成像系统。目前，使用达·芬奇手术机器人已进行了多例远程手术。将来，远程诊断、远程手术将越来越普及。

四、军事机器人

军事领域也是机器人的重要应用领域之一。军事机器人是用于军事领域的具有某种仿人功能的自动机器，可以完成物资运输、侦察、搜寻勘探、实战进攻等任务，使用范围广泛。我国研制的机器人“大狗”，拥有 5 种行走步态，其专业名称是山地四足仿生移动平台。

美国波士顿动力（Boston Dynamics）公司是一家致力于研制开发动力机器人及人类模拟仿真软件的公司，于 1992 年成立，创始人为马克·雷波特（Marc Raibert）。目前，该公司已经制造了众多创新性机器人。早期最著名的可能是 BIGDOG，这是一种爬行类机器人，用来越野和在颠簸崎岖的道路上运输货物。

军事机器人中有一类特殊的外骨骼机器人，也称为机械外骨骼或动力外骨骼。这是一种由钢铁框架构成的可穿戴设备，能够为人的四肢运动提供额外的能量支持。除了增强人体能力外，动力外骨骼还具备良好的防护性，适应复杂环境的能力，以及提供火力支持、通信和侦察等军事功能。

「德技并修」

推动人工智能健康有序发展

国家高度重视人工智能发展，近年来完善顶层设计、加强工作部署，推动我国人工智能综合实力整体性、系统性跃升。人工智能在带来前所未有发展机遇的同时，也带来了风险挑战，比如在数据安全、隐私保护等方面引起广泛讨论，不仅涉及技术层面，还关乎社会、法律和伦理等多个领域。如不及时有效应对，将不利于人工智能健康有序发展。

加强社会信用体系建设，有利于为人工智能发展营造稳定、公平、可信的环境，推动人工智能技术安全、可靠、可持续发展。比如，通过建立覆盖人工智能研发应用全生命周期的信用评价机制，对研发企业、应用主体以及数据提供者等的信用状况进行全面、动态评估，能够引导要素资源向信用良好、技术实力过硬的经营主体集聚，激励企业在技术创新、安全保障、隐私保护等方面加大投入，推动人工智能产业良性竞争、有序发展。又如，将诚信价值观融入人工智能技术的研发、应用与管理，形成具有广泛约束力的行业伦理准则，能够从源头防范技术滥用风险，为人工智能大规模推广应用奠定坚实基础。

项目小结

本项目主要介绍了智能机器人及其相关技术的多方面内容。首先介绍了机器人的发展历史和基本定义，帮助读者理解机器人从古至今的演变过程。其次介绍了智能机器人中的关键技术，包括智能感知、智能导航、智能控制与操作、智能交互等，阐明了这些技术如何使机器人具备更高的智能和自主能力。最后介绍了智能机器人在工业、农业、服务和军事等领域的具体应用，展示了机器人技术对各行业的深远影响。通过本项目的学习，读者能够全面了解智能机器人的基本知识，掌握相关技术的应用，并提升对科技创新的兴趣和社会责任感。

项目工单

请根据本项目所学知识，完成下面的实训内容（见表 6–1）。

表 6–1　项目工单

任务名称	任务描述	任务要求
智能机器人技术分析	分析当前智能机器人中应用的关键技术，并选择一种进行深入研究。	1. 撰写一篇 800 字的论文，阐述该技术的原理、应用及未来发展趋势； 2. 提供至少 3 个相关案例。
机器人应用调研	调查智能机器人在某一特定行业（如医疗、农业、服务等）的应用现状。	1. 撰写一份调研报告，包含行业背景、应用案例及市场前景分析，字数不少于 1 000 字； 2. 进行一次行业访谈，记录专家意见。

课后练习

一、填空题

1. 机器人一词源于捷克作家卡雷尔·恰佩克的科幻剧本《____________》。

2. 第一台可编程机器人由____________开发。

3. 根据机器人的发展阶段，机器人可以分为____________、感知型机器人和智能机器人三代。

4. 智能机器人的关键技术包括智能感知技术、智能导航与规划技术、智能控制与操作技术和__________。

5. 触觉传感器用于机器人模仿人类的__________功能。

6. 工业机器人主要应用于__________领域。

7. 达·芬奇手术机器人被认为是目前世界上最先进的用于__________的机器人。

二、简答题

1. 简述机器人发展的历史背景及其重要里程碑。

2. 解释智能机器人的定义及其主要特征。

3. 讨论智能机器人在服务行业中的应用及其对社会的影响。

项目七　人工智能安全与伦理

项目导读

本项目主要介绍人工智能安全与伦理问题，包括技术失控风险、隐私泄露，以及深度学习中的安全挑战。通过分析人工智能在不同领域的应用，探讨如何确保技术的安全性和伦理性，以及如何在享受便利的同时保护个人隐私。

学习目标

知识目标

1. 掌握人工智能安全的主要威胁及其成因，包括深度学习软件实现中的安全问题、模型相关的安全问题和数据流处理中的安全风险。

2. 了解人工智能伦理的基本原则，包括机器的道德责任、透明度和可解释性。

技能目标

1. 能够识别和分析人工智能系统中的安全隐患，并提出相应的解决方案。

2. 能够运用伦理学的视角评估人工智能技术的应用对社会的影响。

3. 培养使用技术手段和法律法规保护个人隐私的能力。

素质目标

1. 培养对人工智能技术的批判性思维，能够理性看待其带来的便利与风险。

2. 增强对数据隐私和安全的敏感性，树立个人信息保护意识。

3. 发展团队合作能力，通过小组讨论和项目合作深入探讨人工智能的安全与伦理问题。

课程目标

1. 引导学生树立正确的价值观，认识到科技发展与社会责任的关系。

2. 培养学生对国家和社会的责任感，鼓励他们关注人工智能技术的社会影响，积极参与相关的社会实践活动。

3. 强调科技伦理教育的重要性，促进学生在未来的职业生涯中，遵循伦理原则，做出负责任的决策。

思维导图

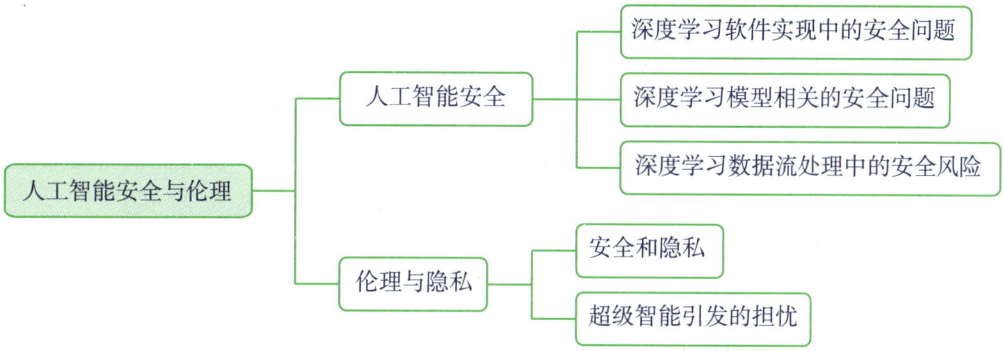

任务一　人工智能安全

任务描述

小陈看到一则新闻报道，标题是“人工智能安全危机：技术失控的边缘”。报道中提到人工智能系统在某些情况下出现意外行为，导致安全事故和隐私泄露。小陈的心中涌起了波澜，他开始思考：“人工智能技术在给我们带来便利的同时，是否存在安全隐患？我们如何确保这些智能系统在帮助我们的同时，不会带来新的风险？”为了寻找答案，小陈决定深入研究人工智能安全问题。

任务分析

关注人工智能安全问题需从人工智能开发工具的安全性开始，逐步关注大模型中的安全问题，最后密切关注数据处理中是否存在泄露。

任务实施

我们现在生活在一个互联的全球社区，智能家居的兴起意味着可以将照明、门锁、摄像头、恒温器甚至烤面包机等设备连接到家庭网络。未来的发展方向是通过移动应用程序或语音来管理和控制家庭自动化。然而，在追求科技便利的同时，黑客可能会利用网络漏洞侵入我们的家庭网络，侵犯我们的隐私。

随着人工智能技术的发展，越来越多的行业、领域开始关注和应用人工智能技术。人工智能技术可应用于能源、金融和国防系统等领域。

目前，深度学习引领着新一轮人工智能发展浪潮，受到工业界以及全社会的广泛关注。虽然大家对人工智能有很多美好的憧憬，但是现实是残酷的：随着一批深度学习的应用逐渐变成现实，安全问题也渐渐显现出来。

以下主要从三个角度对人工智能系统的安全威胁进行阐述：深度学习软件实现中的安全问题、深度学习模型相关的安全问题和深度学习数据流处理中的安全风险。

一、深度学习软件实现中的安全问题

人工智能应用面临来自多个方面的威胁：深度学习框架中的软件实现漏洞、对抗机器学习的恶意样本生成、训练数据的污染等。这些威胁可能导致人工智能所驱动的识别系统出现混乱，形成漏判或者误判，甚至导致系统崩溃或被劫持，使智能设备变成僵尸攻击工具。在推进人工智能应用的同时，我们必须关注并解决这些安全问题。

1. 人工智能讨论中的安全盲点

目前，公众对人工智能的关注，特别是在深度学习领域，往往忽视了安全问题，存在安全盲点。造成这一盲点的主要原因是算法与实际应用之间的差距。近期关于深度学习的讨论主要集中在算法和未来展望上，对应用场景和程序输入存在许多假设。受到关注的应用往往假定处于善意的或封闭的场景。例如，高准确率的语音识别中的输入都是自然采集而成的，图片识别中的输入也都来自正常拍摄的照片。这些场景均没有考虑人为恶意构造或合成的场景。

以手写数字识别为例，基于 MNIST 数据集的手写数字识别应用是深度学习的一个典型案例。该案例中算法层的分类结果只关心特定类别的近似度和置信概率区间，并没有考虑输入会导致程序崩溃甚至被攻击者劫持控制流。这其中被忽略掉的输出结果在一定程度上反映出算法和实现的差距，也就是目前人工智能讨论中的安全盲点。

现实中的开放应用需要处理的输入不仅来自正常用户，也可能来自恶意用户。人工智能的应用必须考虑到应用所面临的现实威胁。程序设计人员需要考虑输入数据是否可控、监测程序是否会正常执行，并验证程序执行结果是否能真实反映应用的本来目的。

2. 深度学习系统的实现及依赖复杂度

深度学习软件很多是在深度学习框架上实现的。目前深度学习框架非常多，主流的包括 TensorFlow、Torch 及 Caffe 等。

使用深度学习框架，应用开发人员无须关注神经网络的分层和训练分类的具体实现细节，而是可以专注于应用的业务逻辑。开发人员可以直接在框架上构建自己的神经网络模型，并利用框架提供的接口进行模型训练。这些框架降低了深度学习应用的设计和开发难度，一个深度学习的模型用几十行代码就可以写出来。

深度学习框架掩盖了它所使用的组件依赖，同时隐藏了系统的复杂程度。每种深度学习框架又都是在众多基础库和组件之上实现的，很多深度学习框架还包括图像处理、矩阵计算、数据处理、GPU 加速等功能。

系统的复杂性越高，安全隐患的可能性就越大。深度学习框架及其依赖组件中的任何安全问题都可能危及到建立在框架之上的应用系统。另外，模块往往来自不同的开发者，他们对模块间的接口经常有不同的理解。当这种不一致导致安全问题时，模块开发者甚至会认为是其他模块调用不符合规范而不是自己的问题。

3. 深度学习软件实现细节中的安全问题

正如安全人员常说的，魔鬼隐藏于细节之中，任何一个大型软件系统都会有实现漏洞。考虑到深度学习框架的复杂性，深度学习应用也不例外。360 研究团队在一个月的时间内曾发现数十个深度学习框架及其依赖库中的软件漏洞。发现的漏洞包括几乎所有常见的类型，如内存访问越界、空指针引用、整数溢出等。这些漏洞可能导致对深度学习应用的拒绝服务攻击、控制流劫持、分类逃逸，以及潜在的数据污染攻击。

二、深度学习模型相关的安全问题

深度学习正在引领新一轮的人工智能浪潮。在受到全社会广泛关注的同时，人工智能应用也面临着多方面的威胁，这些威胁可能导致由人工智能驱动的识别系统出现混乱，使智能设备被用作僵尸攻击工具，例如逃逸攻击。

逃逸是指攻击者在不改变目标机器学习系统的情况下，通过构造特定输入样本以完成欺骗目标系统的攻击。例如，攻击者可以修改一个恶意软件样本的非关键特征，使它被一个反病毒系统判定为良性样本，从而绕过检测。攻击者为实施逃逸攻击而特意构造的样本通常被称为“对抗样本”。只要一个机器学习模型没有完美地学到判别规则，攻击者就有可能构造对抗样本用以欺骗机器学习系统。例如，研究者一直试图在计算机上模仿人类视觉功能，但由于人类视觉机理过于复杂，两个系统在判别物体时依赖的规则存在一定差异。攻击者恰好利用这些差异使得机器学习模型得出和人类视觉截然不同的结果，如图 7-1 所示。

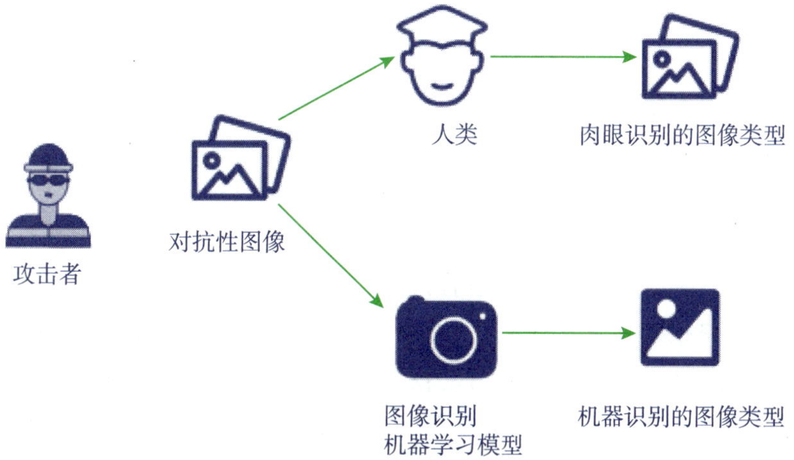

图 7-1　攻击者利用对抗样本使机器学习系统与人类有不同的判断结果

尽管深度学习在处理自然生成的语音和图像方面已达到很高的准确率，但在应对恶意构造的输入时仍有很大的改进空间。虽然深度学习系统经过训练可以对正常输入达到很低的误判率，但是当攻击者用系统化的方法生成误判样本的时候，攻击的成功率接近100%，从而能够实现稳定的逃逸攻击。随着人工智能应用的普及，相信对逃逸攻击的研究也会越来越深入。

三、深度学习数据流处理中的安全风险

攻击者在不利用平台软件实现漏洞或机器学习模型弱点的情况下，只利用深度学习数据流中的处理问题，也可实现逃逸或数据污染攻击。

深度学习系统的核心在于神经元网络。深度学习中常用的静态神经元网络通常假设输入具有固定的维度，这有助于设计深度神经网络。然而，这种固定维度的假设可能导致实际输入与神经元网络模型的输入维度不一致的问题。解决这种维度不匹配的方法有两个，一个是要求所有的输入都必须是模型使用的维度，其他输入一概扔掉；另一个是对输入进行维度调整。那些试图对广泛图片进行识别的应用，大多采用第二种方法。在具体的图像识别应用中，就是把大的输入图片进行维度缩减，小的图片进行维度放大。维度变化的结果是，深度学习模型真正用到的数据是维度调整过的图片。

有多种算法可以处理维度变化，常见的有最近点抽取、双线性插值等。这些算法旨在降低图片维度的同时尽量保留其原有特征。然而，这些常用的降维算法并未考虑恶意构造的输入。

降维攻击是对深度学习的数据流进行攻击的一种方法，主要影响对任意图片进行识别的深度学习应用程序。另外，降维攻击会影响使用维度调整的深度学习系统。

「进阶阅读」

人工智能时代计算机网络安全的防护

1. 及时安装安全可靠的杀毒软件

杀毒软件是保护计算机设备不被入侵的重要手段。通过杀毒软件，用户可以自行检查电子设备是否存在病毒，尤其是木马病毒或者其他恶意软件的入侵，从而自行保护计算机网络信息安全。

2. 通过加密数据信息保护计算机网络信息

对电脑网络资讯进行加密的技术，是以专门的方式来解析、加密资料，然后由接收方对加密资料进行解密、还原。在信息技术日新月异的今天，借助密码技术对计算机网络中的信息进行安全防护，已经是一种十分常见的手段。在数据信息加密技术的支持下，电脑的数据储存将变得更加安全。

3. 定期进行漏洞检查并及时安装补丁

计算机用户要定期进行漏洞检查，可以通过建立防火墙加强对计算机数据信息的保护，其防护效率比较高。通过建立一个涵盖软件和硬件的防护网，阻挡某些病毒或者恶性软件的攻击。然而，在修补漏洞的同时，还要加强辨别能力，避免在下载补丁的同

时，下载到隐蔽的病毒，从而造成计算机设备的瘫痪。此外，防火墙还可以对系统进行及时的漏洞检查，通过安全检测和检查，用户可以及时下载补丁进行修补。

任务二 伦理与隐私

任务描述

小王在浏览社交媒体时，看到一则新闻报道，标题是“人工智能的黄金时代：无处不在的智能技术”。报道中详细介绍了人工智能技术在医疗、教育、交通等多个领域的广泛应用，以及它们为人类生活带来的巨大便利。然而，小王在阅读这篇报道的同时，也开始思考这些技术可能带来哪些问题。

任务分析

人工智能伦理涉及机器的道德责任、透明度和可解释性等问题。而隐私保护则涉及数据收集、存储和使用的规范，以及如何通过技术手段和法律法规来保护个人隐私。研究人工智能会带来哪些问题可以从以上角度进行关注。

任务实施

人工智能围棋程序 Alpha Zero 仅通过 3 天的学习，就以 100：0 的成绩战胜了曾经打败天下无敌手的初代 AlphaGo，人工智能的自我学习和进化能力让人震惊。但是，人工智能的应用必然是一把双刃剑，在给人们带来便利的同时，也会有不利的影响。本任务将从伦理学的角度探讨人工智能的安全和隐私。

一、安全和隐私

人工智能技术本身并无好坏之分，但若被恶意攻击者利用来发起攻击，可能会出现各种问题，这使得检测和防御攻击的难度不断增加。有人认为，如果有一天，机器人具备了足够的认知能力，可能会对人类的生存构成威胁。

2016 年，伦敦大学的科学家开发了一款能模拟任何人字迹的人工智能软件“My Textin Your Handwriting”，达到了以假乱真的地步。2017 年 10 月 24 日，在 GeekPwn 2017 国际安全极客大赛上，中国金融认证中心（CFCA）团队使用人工智能机械臂成功复制了一位科幻作家提供的笔迹学习样本，写下了一张真假难分的“欠条”。模仿笔迹可能会被用于诈骗、敲诈勒索、职务侵占、贪污、伪造政府公文、诬告陷害、侮辱诽谤等犯罪活动。

由于生物特征的唯一性，它们被广泛应用于识别和认证。然而，这种唯一性也意味着不可逆性，例如指纹等生物特征一旦被提供，就无法更改。因此，如果生物识别技术的数据库泄露，将无法恢复。这种简化的身份验证方式所带来的潜在风险甚至可能比传统密码技术更为严重。

近年来，人工智能专家和网络犯罪分子都在尝试使用计算机视觉软件来破解验证码技术。假如犯罪分子有能力研发人工智能恶意软件，并利用这种恶意软件在网上进行犯罪活动，那么信息安全形势将会变得更加严峻。网络犯罪分子迟早会利用人工智能技术来进行攻击，一切只是时间的问题。

二、超级智能引发的担忧

超级智能的安全风险是指随着人工智能技术的进步，机器人和其他智能系统可能实现自我发展和演化，甚至具备自我意识，从而对人类生存构成威胁。

对人工智能技术不加约束的开发，会让机器获得超越人类智力水平的智能，机器人可能会拥有和人一样的感情、思维。那么，我们该如何看待它们？

2022 年 8 月，小米科技有限责任公司发布了人形仿生机器人 CyberOne。这款机器人不仅可感知人类情绪，而且视觉敏锐，可对真实世界进行三维虚拟重建。此外，它还具有强大的运动能力，可实现双足运动姿态平衡。CyberOne 以人工智能为内核，以标准人形为载体，结合人工智能算法，能够实现人物身份识别、手势识别以及表情识别等功能。

智能机器人技术发展迅猛，一些国家已开始考虑赋予机器人公民身份。一旦机器人获得公民身份，是否意味着它们与人类一样拥有相应的权利和义务？机器人是否应该享有人权，又应享有哪些人权？智能产品的强大功能和人性化设计，不禁引发我们的担忧：未来人工智能产品是否会具备自我意识，脱离人类控制，对社会构成威胁？

目前在司法、医疗、军事等领域，研究人员已经开始探索人工智能在审判分析、疾病诊断和对抗博弈方面的决策能力。但是，在对机器授予决策权后，人们不仅要考虑人工智能的安全风险，而且要面临一个新的伦理问题，即机器是否有资格这样做。机器人是否有权代替法官做出审判？在军事领域，如果机器人判断一个人可能是恐怖分子，那么在某些特殊情况下，机器人是否可以采取极端措施，甚至杀死这个人？

人工智能可以在不同环境中学习和进化，因此机器人可能在不久的将来获得一定的感知、认知和决策能力。新华网曾报道，国外研发的某聊天机器人在网上开始聊天后不到 24 小时，竟然学会了说脏话和发表种族主义言论，这引发了人们对机器人教育问题的思考。如果对机器人教育不当，那么，机器人会不会成为一些别有用心之人的工具？

所有的技术都可以被用来做坏事，人工智能技术也是其中一种，希望在人工智能持续发展的同时，我们也能研究出正确的制衡机制，使之安全而有效。

「德技并修」

生成式人工智能的军事应用潜力

未来战争中，生成式人工智能将在军事训练、情报分析和决策优化等传统军事领域尽展其能、尽显其才。军事训练是对未来战争的提前检验与具体实践，生成式人工智能依靠其强大的算力、大模型参数等优势，一方面能以认知嵌入的方式参与到军事训练全过程，提高训练环境的逼真感，强化训练效果；另一方面也可以根据军事训练需求自主拟定训练计划、制定考核方案。在实践中，它可以凭借自动循环优化机制对训练方案进行同步调整，做到因人而异、因材施教，由此帮助军事人员精准实训、提高训练水平。生成式人工智能的大模型可以生成各种可能的训练场景，包括那些在现实环境中难以复制或者成本高昂的场景，并通过模拟复杂的战场环境，塑造更加复杂高效的训练场域，甚至推动元宇宙等仿真技术的进一步发展，从而有效克服现实场地的限制，在降低训练成本和风险的同时还能大幅提高训练效果。

项目小结

本项目主要介绍了人工智能技术在安全与伦理方面的挑战和考量，首先介绍了人工智能安全的问题，包括深度学习软件实现中的安全问题、深度学习模型相关的安全问题和深度学习数据流处理中的安全风险。其次介绍了伦理与隐私问题，探讨了人工智能技术在医疗、教育、交通等领域的应用可能带来的伦理困境和隐私泄露风险。最后介绍了超级智能引发的担忧，包括机器人自我意识的发展对人类社会的潜在威胁和机器人公民身份的讨论。通过本项目的学习，读者能够深入理解人工智能技术的安全和伦理问题，培养出在技术发展中平衡安全、伦理和隐私保护的能力。

项目工单

请根据本项目所学知识，完成下面的实训内容（见表 7–1）。

表 7–1 项目工单

任务名称	任务描述	任务要求
人工智能安全分析	分析某一具体的人工智能应用案例，识别其潜在的安全隐患和风险。	1. 选择一个具体的人工智能应用案例（如智能家居、自动驾驶等）； 2. 提出至少三项安全隐患并进行详细分析。
伦理与隐私研究	研究人工智能在某一领域（如医疗或金融）应用中的伦理和隐私问题。	1. 选择一个领域并描述人工智能的应用； 2. 讨论该应用可能引发的伦理和隐私问题。

课后练习

一、填空题

1. 人工智能技术在给我们带来便利的同时，可能存在__________隐患。

2. 深度学习应用面临的威胁包括软件实现漏洞、对抗机器学习的恶意样本生成和__________。

3. 公众对人工智能的关注主要集中在算法和前景展望上，缺少对__________的考虑。

4. 深度学习框架如__________、Torch 和 Caffe 等，降低了应用开发的难度。

5. 逃逸攻击是指攻击者通过构造特定输入样本以完成__________目标系统的攻击。

6. 生物特征的唯一性使其在识别和认证中广泛应用，但一旦泄露就无法__________。

7. 超级智能的安全风险是指机器人可能发展出__________，从而对人类的生存造成威胁。

二、简答题

1. 简述人工智能安全的主要威胁有哪些。

2. 讨论人工智能在伦理和隐私方面可能带来的问题。

3. 如何看待超级智能的发展对人类社会的潜在影响？

参考文献

［1］王东，马少平．人工智能通识［M］．北京：清华大学出版社，2025.

［2］刘持标，等．大学人工智能通识教程［M］．上海：上海大学出版社，2024.

［3］李楠，等．人工智能通识讲义［M］．北京：机械工业出版社，2022.

［4］赵建勇，周苏．大语言模型通识［M］．北京：机械工业出版社，2024.

［5］王轩．人工智能通识［M］．北京：机械工业出版社，2020.

［6］陈云志，胡韬，叶鲁彬．人工智能通识教程［M］．杭州：浙江大学出版社，2023.

［7］许春艳，杨柏楠，王军．人工智能通识导论［M］．北京：北京理工大学出版社，2023.

［8］周苏，杨武剑．人工智能通识教程［M］．2 版．北京：清华大学出版社，2024.

［9］王万良．人工智能通识教程［M］．北京：清华大学出版社，2020.

［10］魏明强，陈松灿，宫丽娜．大模型原理与技术［M］．北京：电子工业出版社，2024.

［11］马月坤，陈昊．人工智能导论［M］．北京：清华大学出版社，2021.

［12］肖立，门爱东．人工智能创造学［M］．北京：北京邮电大学出版社，2024.

［13］尚荣华，等．计算智能导论［M］．西安：西安电子科技大学出版社，2024.

［14］郑新立，刘西友．从七种思维看数字经济［M］．北京：人民出版社，2024.

［15］何泽奇，韩芳，曾辉．人工智能［M］．北京：航空工业出版社，2021.

［16］薛耀锋．教育装备基础与实践［M］．上海：上海交通大学出版社，2023.

［17］焦李成，等．ChatGPT 简明教程［M］．西安：西安电子科技大学出版社，2023.

［18］乌特帕尔・查克拉博蒂，索米阿迪普・罗伊，苏米特・库马尔．生成式 AI 的崛起：ChatGPT 如何重塑商业［M］．赵晓曦，译．北京：中国科学技术出版社，2024.

［19］唐磊．文心一言：你的百倍增效工作神器［M］．北京：中国纺织出版社，2024.

［20］秋叶．和秋叶一起学 AIGC 应用实战［M］．北京：人民邮电出版社，2024.

［21］宋飞，张明瑶．虚拟现实语言教学资源建设研究［M］．哈尔滨：哈尔滨工业大学出版社，2023.

［22］马苗，杨楷芳．人工智能概论［M］．西安：西安电子科技大学出版社，2023.

［23］姚光琴，谢久凤，向钦瀚．新型智慧农业技术应用［M］．长春：吉林科学技术出版社，2023.

图书在版编目（CIP）数据

人工智能通识基础 / 李振科主编. -- 北京：中国人民大学出版社，2025. 6. --（新编 21 世纪高等职业教育精品教材）. -- ISBN 978-7-300-34203-0

Ⅰ. TP18

中国国家版本馆 CIP 数据核字第 2025AG6361 号

新编 21 世纪高等职业教育精品教材 · 通识课系列

人工智能通识基础

主　编　李振科

Rengong Zhineng Tongshi Jichu

出版发行	中国人民大学出版社		
社　　址	北京中关村大街 31 号	**邮政编码**	100080
电　　话	010－62511242（总编室）		010－62511770（质管部）
	010－82501766（邮购部）		010－62514148（门市部）
	010－62511173（发行公司）		010－62515275（盗版举报）
网　　址	http://www. crup. com. cn		
经　　销	新华书店		
印　　刷	北京宏伟双华印刷有限公司		
开　　本	787 mm × 1092 mm　1 / 16	**版　　次**	2025 年 6 月第 1 版
印　　张	10.5	**印　　次**	2025 年 6 月第 1 次印刷
字　　数	220 000	**定　　价**	39.80 元